摄影用光

从入门到精通

视频教程版 ●

视觉中国 500px·六合视界部落◎编著

北京大学出版社
PEKING UNIVERSITY PRESS

前言
INTRODUCTION

在拍摄过程中，如果你使用了功能全面的数码相机，搭配了性能出众的镜头和周边附件，掌握了曝光、对焦、白平衡等丰富的技术知识，但拍出来的照片仍然不够理想，甚至不如一些人用手机拍出的效果好。这时你一定要进行反省，很可能不是技术不到家，而是忽视了摄影美学中极为重要的因素——用光。实际上，决定照片成败的真正因素在于摄影美学。

构图是摄影的基础，而光影才是决定照片是否好看的真正决定性力量。本书将对摄影用光的全方位知识进行详细讲解。

另外，本书还将容易被忽略的色彩艺术等融入用光的过程中，并进行全方位、多角度介绍，帮助你最终完成摄影美学设计和整个课程的学习。

学完本书之后，你可能才会真正意识到摄影美学的重要性，才会真正激发你摄影创作的无限热情，最终帮助你创作出大量优美的摄影作品。

本书一共分为 7 章，从初学者难以接触到的用光和控光常识开始学起，将摄影师大量的用光实拍经验传授给读者，之后循序渐进地介绍曝光与影调控制的技巧、光的属性与控制的技巧、一天四时的用光技巧、室内人像用光的技巧、光绘与创意用光的技巧、后期影调修饰与优化的技巧等内容。

所谓千里之行始于足下，学习本书只是一个开始，你还需要拍摄大量的照片来巩固学习成果，积累拍摄经验，培养摄影美学创意的能力，才能最终成为一名成功的摄影师。

　　书中部分知识点可能不够全面和深入，有限的图书篇幅很难将摄影这门"手艺"讲得全无漏洞。如果读者在学习过程中发现有欠妥之处，或是对数码后期等知识点有进一步学习要求，可以加入我们的摄影教学 QQ 群：7256518，或添加笔者微信：381153438，与笔者进行一对一的沟通和交流；还可以关注我们的公众号：shenduxingshe（深度行摄）学习摄影知识！

　　本书附赠了视频教程，主要围绕书中每章的重点内容进行综合性讲解，让初学者们更容易学会相关技巧。可扫描下方二维码关注微信公众号，输入代码 25370，即可获取视频资源。

目录
CONTENTS

第2章

曝光控制与影调效果　64

第3章

光的属性与控制　117

第6章
光绘与创意照明 212

第7章
后期影调修饰与优化 226

第 1 章

那些你不知道的用光艺术

在摄影创作中,用光与构图一样,都是非常重要的美学理念。如果说构图就如同建房子打地基一样,那么用光则与房子建好之后的装修有很多相似之处,房子的造型是否好看,色彩是否给人富丽堂皇的感觉,这些都是由装修决定的。那么在摄影中,摄影作品是否好看,是否有丰富的影调、层次,是否有立体感,则与用光息息相关。虽然用光是美学方面的概念,但在学习用光之前,我们需要掌握一些特定的用光技巧与规律,这对于我们的后续学习以及审美观感的提升有很大帮助,本章将介绍大量与摄影用光有关的基本常识和经验规律。

1.1 控光的两个方向

对于摄影光线的控制，要考虑到两个方面的因素：一是采光，二是测光与曝光。

◇ 采光

进行摄影创作时，要注意光线的朝向、强度以及色感等。也就是说，控制光线的第一个层面是采光，我们可以通过追逐不同时间段富有特色的光线，营造出更具魅力的画面效果。下面通过几个具体的案例来看不同时间段光线的特点。

案例 1

首先来看图 1-1 所示的这张摄影作品，可以看到这张照片是在太阳快要落山时拍摄的画面。即便此时是晴空万里，非常强烈的光线在太阳快要落山时也开始变弱，它的色彩会变为红、橙、黄等颜色，而强度也会急剧变弱。这样的画面整体色彩比较有魅力。画面的反差变小，一些背光处也不会是死黑一片，更容易在一张照片中容纳足够的高光与暗部的细节。

图 1-1

案例 2

再来看图 1-2 所示的这张照片，拍摄的时间段是日落之后的一段时间，此时的天空呈现比较深邃的蓝色，由于天光的照射，地面景物没有彻底黑下来，一些背光处还没有全黑，画面整体仍然显示出了足够的层次感和细节感。从画面中可以看到，深色的树木层次分明，而高光部分的建筑物以及初升的月亮虽然亮度比较高，但没有过曝，也呈现出足够的细节，画面整体色调比较清冷，令人感受到平静祥和的氛围。

图 1- 2

案例 3

太阳完全落山时没有天光的干扰，此时天空中一些天体是比较理想的拍摄对象。图 1-3 所示的这张照片拍摄的是北斗七星，画面中的满天繁星作为点缀，令人感受到大自然的美好。当然，为了避免画面因为过于幽暗而导致层次不够丰富，拍摄时在地景的蒙古大帐中放了一盏马灯，将地景的主体建筑打亮，形成了比较丰富的层次，这也是一个根据不同时间段的光线特点来进行合理创作的经典案例。

图 1-3

⟡ 测光与曝光

控制光线的第二个层面是对拍摄场景测光与曝光的控制。合理的测光与曝光能够将场景中足够多的层次和细节拍摄得非常细腻，画质会比较理想。与此同时，如果我们采用了不一定特别正确但却非常合理的测光和曝光，那么画面的影调层次往往会非常丰富，并且能够确保高光与暗部都有足够的细节。

案例 1

如图 1-4 所示的是一张采用非常强烈的逆光拍摄的照片，但因为拍摄时采用了包围曝光的方式进行捕捉，固定视角并且连续拍摄了多张不同曝光值的照片，最后进行 HDR 合成。所以在最终的照片中，高光部分与最暗部分都有足够的细节，画面的层次非常丰富，同时影调层次也比较丰富和立体，从图 1-5 中可以看到，①②④等位置没有高光溢出，位置③没有暗部死黑。

图 1-4

图 1-5

案例 2

  如果是在散射光环境中进行拍摄，对测光与曝光的控制其实是非常简单的，一般不会出现过曝或欠曝的问题。但恰恰是这种散射光环境，直接拍摄出来的画面效果往往有些平淡，对比度不够，如图 1-6 所示。那么在这种情况下，如果我们采用点测光等特定的测光方式，对画面的亮度进行测光，周边稍暗的部分就会被进一步压暗，这样就可以强化画面的反差，最终让原本看似没有太大光比、比较平的画面呈现出足够丰富的影调层次，如图 1-7 所示。如果盲目拍摄而不考虑画面的反差问题，可能会导致画面的光线不够，使照片显得比较平、不够立体。

图 1-6

图 1-7

案例 3

如图 1-8 所示的这张照片实际上是一个非常典型的测光与曝光控制的作品，可以看到画面的高光部分曝光比较理想，但是最暗部分完全减曝，形成了一种剪影的画面效果，如图 1-9 所示。用剪影表现地面景物非常简单干净的场景时，效果非常理想，它能够让画面整体上富有某种特定的氛围，或富有艺术气息，或富有神秘的意境。这张照片通过剪影的表达形式，展现出了草原上的两个人物之间的联系，非常有意境。

图 1-8

图 1-9

1.2 光、对比与通透

我们知道，自然界中的光主要来自太阳，当然也会有一部分是人造光源，比如地面的灯光等。也就是说，光来自太阳以及人造光源。我们能够看到景物，主要是因为景物反射了这些光源的光线，这是以科学原理来理解光线。但实际上，在摄影创作中，我们对光的感觉主要来自对比，即光与影的对比，通过这种对比强化了画面的光感与影调层次。如果画面的对比不够或没有对比，那么即使在强烈的光线下拍摄出来的照片也是缺乏光感的，画面会给人不够立体的感觉。

◇ 强光无光感

如图 1-10 所示的这张照片是在顺光下拍摄的秋季草原场景，漫山的羊群遍布山坡，仿佛散落的珍珠，虽然意境非常美，但这张照片最致命的问题在于对比度不够。正午的光线其实非常强烈，但是由于没有阴影的对比，从而导致画面整体给人的感觉仿佛是没有光线照射。从这个角度来看，即便是在最强烈的光线下，如果没有影子的对比，那么画面的光感就会有所欠缺，让人感受不到光。

图 1-10

❖ 弱光无光感

案例 1

　　如图 1-11 所示的这张照片拍摄的是一个雨后云雾弥漫的场景，可以看到画面非常轻柔、梦幻，但却不够立体，给人的感觉模糊而又平淡。它的缺陷也是来自画面缺少阴影的衬托，缺少对比，导致了画面的层次不够。

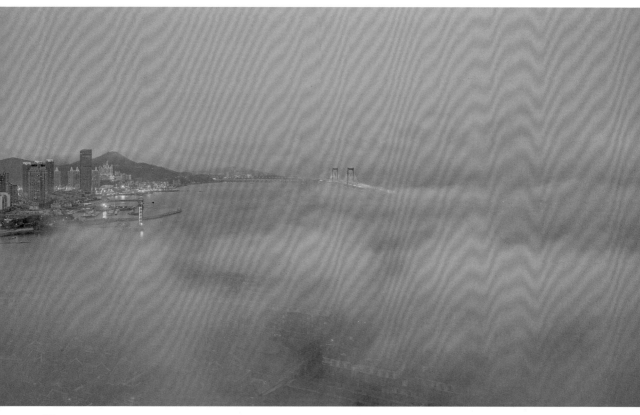

图 1-11

案例 2

　　来看如图 1-12 所示的这张照片，这种阴雨的天气没有光线，整个画面缺乏光感。如果我们想要拍摄出好的作品，只能通过后期将一些可以压暗的景物和对象进行压暗，将一些可以提亮的区域进行提亮，通过这种压暗和提亮来强化画面的反差（对比），营造光感。可以看到最终呈现出来的画面，如图 1-13 所示。层次比较丰富，仿佛是光源穿过浓密的云层洒在主体对象上。虽然光线不强烈，但是这种对比能够呈现出一种比较明显的光感。

在摄影创作中，光来自对比，这种光
线与阴影的对比让画面显得更立体，更具光
感和空间感，这也是摄影中非常重要的一条
规律，但很多摄影初学者都没有意识到，经
过讲解相信大家都能掌握。

图 1-12

图 1-13

实际上，对比不只带来了光，还会给画面的通透度带来重要的影响。我们可以这样认为，对
比不单带来了光，还会让画面变得更加通透，给人清爽、舒适的感觉。

如图 1-14 所示的这张照片是在喀纳斯三湾拍摄的晨雾中的日出场景，晨雾的干扰导致整体
画面灰蒙蒙的，场景本身对比度比较低，光感也比较低，通透度有些不足、不够立体。强化画面
的对比度之后如图 1-15 所示可以看出，虽然没有足够强烈的光线，但通过对比强化了光感，使

画面变得非常通透，效果就更加理想了。

图 1- 14

图 1- 15

1.3　光与质感

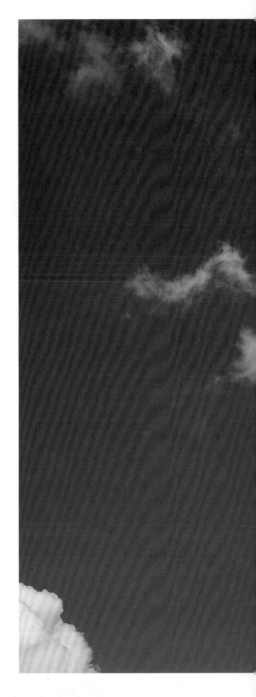

除了光以外，还有关于光影艺术的另外一个特质是质感。实际上，我们所能看到的景物的质感主要来源于各种不同光线的运用。所谓质感，是指不同材料给我们的真实感觉。比如我们看到嶙峋的怪石，它的表面有凹凸不平的纹理，仿佛触手可及；而我们看到涌动的水面或是云海，它给人的感觉仿佛始终在流动，这就是质感。强烈的质感会给人强烈的视觉冲击力，让人感受到画面的真实。质感对于构图来说是非常重要的一个概念，但质感的表现主要借助光线来实现。光用得好，画面会表现出强烈的质感；光用得不好，画面就会失掉质感。一般来说，过于强烈的对比不利于呈现景物表面的质感，因为太强烈的反差会导致高光部分曝光过度，而暗部曝光不足，无法体现细节纹理的质感。所以我们在表现质感时，对光线的把握一定要非常准确，对画面的测光和曝光要格外注意。

❖ 直射光的质感

如图1-16所示的这张照片是在藏区拍摄的一座建筑物，可以看到现场的光线并不算很理想，因为光线已经接近于正午的顶光；好处是我们可以通过后期降低曝光值，避免高光部分曝光过度，避免暗部曝光不足，适当提亮阴影，使建筑表面在光线的照射下，让一些嶙峋的凸起拉出长长的影子，最终表现出建筑表面的这种质感，如图 1-17 所示。

图 1-16

图 1-17

◇ 弱光的质感

在如图 1-18 所示的这张照片中，太阳几乎完全沉入了地平线之下，但是它的余晖照射在较高的建筑物上，在建筑外表并不算平整的玻璃的反射下，射入我们的眼睛里，最终可以看到玻璃表面的轻微差别，让我们感受到现代化建筑外表玻璃体的结构和质感。从图 1-19 中可以看到标注处柔和光线下建筑表面呈现出的质感效果。

图 1-19

图 1-18

◇ 散射光的质感

如图 1-20 所示的这张照片，虽然是散射光环境，但因为也是接近正午拍摄的，光线比较强烈，透过厚厚的云层为场景带来了一定的光感和方向感，这种光虽然是散射光，但也是有方向的，可以清晰地看到人物面部的皱纹。如图 1-21 所示，有着非常强烈的岁月沧桑感，这是散射光带来的质感。

图 1-21

图 1-20

1.4　光的透视

透视是摄影构图领域非常重要的一个概念，在传统的摄影教学领域中，我们会介绍几何透视和影调透视。

图 1-22

几何透视是由镜头及摄影师与场景距离的远近共同营造出的一种景物空间关系，它不属于本书所涉及的范畴。几何透视没有太大改变的意义，无非就是近大远小。但影调透视如果不合理，画面就会显得乱，不耐看。本书重点讲解影调透视。

影调透视主要是指由于光线投射的关系，我们所看到的景物总是近处非常清晰，而远处的景物非常朦胧，符合这种影调透视的画面会给人非常舒适自然的感觉，如图 1-22 所示。从图 1-23 中可以看到，近处机位由近及远，影调逐渐朦胧，非常明显。但如果极远处的景物非常清晰，而近处的景物朦胧，那么这就是一种反透视的画面效果，给人感觉往往不够自然真实。这种所谓的影调透视也称为空气透视或光线透视。

图 1-23

案例 1

在如图 1-24 所示的这张照片中，近处这条城市的主干道非常清晰，并且它由近及远延伸，随着这种延伸，我们可以看到它的清晰度发生了较大变化，近处清晰而远处朦胧，在图 1-25 中进行了标注，这就是影调透视非常理想的一种表现。有关于光的透视我们还应该关注另外一点，画面中除了近大远小（近处清晰，远处朦胧）的常规透视之外，实际上我们还应该寻找画面中从近处到远处的光源。找到光源投射的路线，并沿着光线保证画面中某些景物局部的明暗度，这样我们就可以找出这种光线的投射感。只要我们让景物的明暗度符合光源投射的规律，该亮的地方要提亮，该背光的地方要暗下来，那么这样的画面整体就会显得非常紧凑、干净。这是非常重要的一条光线透视的关系，只要掌握了这个重要的知识点，我们无论在摄影创作还是后期修图中就都会得心应手。

图 1-24

图 1-25

　　我们在看某一张照片时，如果这张照片整体给人一种非常杂乱的感觉，就是由于没有理解光线透视的敏感关系所导致的。下面我们通过一个具体的案例来进行介绍。

案例 2

　　如图 1-26 所示的这张照片是北京的一段野长城在雨后云海蒸腾的美景，在后期处理时对画面整体的影调和色彩都进行了优化，追回了暗部丰富的细节和层次。但此时的画面，如图 1-27所示，给人好像非常理想但不够耐看的感觉，之所以不耐看，就是因为画面不够干净、不够紧凑，在后期过程中没有找准光线透视的关系。

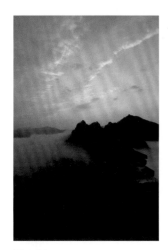

图 1-26

图 1-27

从如图 1-28 所示的分析图上来看，位置①的光源部分应该是最亮的；位置②的云海本身的反射率非常高，那么经过光源直射的亮度也应该非常高；而位置③是背光的，但由于这里也是白色的云海，所以它的亮度应该再次之；位置④和位置⑤也是背光的，所以这两个位置应该完全暗下来，但是它又不够暗。分析之后我们可以看到①②③这三个位置的亮度基本上是一致的，没有亮度差别，即没有光比，它的光线透视是不合理的，而④⑤这两个位置又太亮了，光线透视也不合理。正是因为画面中的明暗关系不符合光线透视规律，所以导致这张照片显得不是特别紧凑，不够耐看。

图 1-28

我们再来看最终的修片效果，如图 1-29 所示。乍一看暗部细节不算特别丰富，甚至损失了一部分细节；但是仔细观察，我们会发现这张照片整体非常干净、非常紧凑，因为它完全是按照光线透视的规律来进行后期处理的。观察如图 1-30 所示的分析图，可以看到位置①（光源位置）最亮；位置②有光线直射到云海，亮度次之；位置③对应的背光云海位置亮度再次之；位置⑥仍然是光线照射的区域，虽然面积非常小，但是这个位置受到侧光的照射，所以亮度是合理的；位置④和位置⑤是背光的，但并不是完全、绝对的背光，因为位置⑥的一些光线会反射到这两个位置上，所以并没有彻底黑下来；而位置⑦彻底处于一个夹角位置，反光照射不到，那么它就是最暗的。最终这张照片呈现出来的效果完全符合光线透视的规律，画面整体非常干净，给人非常自然、舒适的感觉。以上就是一个完整的影调重塑的后期思路。

图 1-29

图 1-30

案例 3

如图 1-31 所示的这张照片，是一个非常简单的草原场景，它的不简单之处在于画面捕捉到了光线四射的丁达尔光，如图 1-32 所示，让天空更具表现力。但是观察画面的整体之后，我们会发现地景还是比较平淡。但是最终这张照片被调整得非常好看，这是因为在后期结合了光线透视的规律，让背光的地方暗下来，让受到光线照射的地方亮起来，从而让画面整体变得非常干净，有了光比。

图 1-32

图 1-31

虽然说光线透视是在摄影创作中关于用光的一个非常重要的知识点，但是我们也要考虑一些比较特殊的情况。在如图 1-33 所示的人像摄影中，大家都说逆光是最完美的人像摄影光线，为什么呢？因为逆光能够在人物边缘形成漂亮的发髻光或轮廓光，而人物经过补光之后，能够表现出足够清楚、明亮的人物正面、包括人物的眼睛等，如图 1-34 所示。这种影调层次非常理想，画面效果也非常漂亮。但实际上，这是一种反光线透视规律的应用，因为人物的面部是最重要的，所以在拍摄时，我们要通过使用闪光灯或反光板等对人物面部进行反射补光。它虽然打乱了原有的光线透视规律，但是仍然不妨碍照片变得非常漂亮，这是人像摄影的一个特例。实际上，无论是逆光、侧光还是斜射光等人像摄影，大多数时候都要通过特定的补光手段对人物的面部进行补光，以强化作为视觉中心的人物面部，这样拍摄出来的照片才会好看。否则如果只是非常呆板机械地遵守光线透视规律，人物面部的亮度不够，那么拍摄出来的照片也会不理想。

图 1-33

图 1-34

实际上，风光摄影中也存在上述情况。我们来看如图 1-35 所示的这张照片，这是一个逆光的拍摄场景。按照光线透视规律，近景的花树背光面应该要再暗一些，但是后期处理时，仍然对其进行了大幅度的提亮，图 1-36 中进行了标注，光源由背景向前照射，近处做了提亮处理。之所以有这种提亮，是因为这棵树处于视觉中心的位置，它的亮度最好要高一些，这样画面的整体次序感会更强烈，否则我们会在画面中找不到一个很好的主体，画面表现力就会有所欠缺。可能有些人会认为画面中的长城也可以作为主体，但这个场景比较特殊，长城比较远且不够清晰，如果让它作为主体，反而会与近处的花树形成一种冲突，导致画面变得更加杂乱，没有秩序感。

图 1-35

图 1-36

1.5 光与秩序

之前我们讲到了光线的透视与画面的秩序感，在有明显光源的时候，通过寻找光源可以优化画面的秩序感。除此之外，还有一些比较特殊的情况，以如图 1-37 所示的这张照片为例。这个场景中没有明显光源，它是一个散射光环境。这种散射光没有方向性，这时我们就没有太大的必要来考虑光线的方向性了，当然也有一些摄影师会通过滤镜或局部调整在画面中制作一个光源，这是比较特殊的情况。通常情况下，如果场景中没有明显的光源，我们只要让画面整体明暗均匀，让主体稍亮一些，最终画面就会比较干净，主体比较突出。下面我们通过几个案例来介绍局部调整在散射光环境中的应用，通过案例可以学习如何对画面进行局部调整来使画面整体变得更加理想。

案例 1

在图 1-37 所示原始照片的场景中，我们可以认为它是一个散射光环境，但是如果仔细观察，就会发现天空的亮度不够均匀。在如图 1-38 所示的分析图中可以看到，位置①要亮一些，位置②要暗一些，天空的明暗度不均就会显得天空很乱，如果我们仔细观察这种明暗度不均匀的情况，就会发现它让画面整体看起来比较毛糙。如果观察地景就会看到③④⑤这几个位置的亮度都比较高，影响到了地景中最重要的两个古建筑的表现力，也就是说，虽然整体是一种散射光环境，但是某些对象自身的明暗度或者建筑周边的光源会把这些不是那么重要的景物给照亮，导致画面整体显得不够干净，有些杂乱的感觉。针对这种情况，我们就可以在后期只对画面的局部进行一些微调，该压暗的压暗，该提亮的提亮，最终让画面变得非常干净，有秩序感。

经过后期处理，我们调匀了天空的明暗度，让天空变得更加干净；针对地面近处的几幢建筑物，通过选区工具将这些区域选择出来并对其进行压暗处理，最后使画面整体变得更加干净，主体变得更加突出，如图 1-39 所示照片就是通过后期调整让画面变得更有秩序感的一个典型场景。

图 1-37

图 1-38

图 1-39

案例 2

在如图 1-40 所示的这张照片中，我们要注意的重点是射电望远镜与彗星。简单来看画面没有太大问题，但仔细观察发现左侧天空中有一片亮光，亮光的出现是因为在拍摄机位左侧的远处有一个农家院，这个农家院点亮的灯光对天空形成了干扰（如图 1-41）。稍有不注意就会拍到这样的画面，给人的感觉就比较可惜。在后期中，我们就需要对这些看似微乎其微但却对画面有着比较强的破坏力的光污染进行局部调整，最终让天空的整体明暗度更加均匀，如图 1-42 所示。

图 1-41

图 1-40

图 1-42

1.6 光的温度

　　所谓光的温度，是指画面的色彩，因为不同的光线有不同的色彩，不同色彩的光线就会使画面产生不同的色彩效果，给人的感受也是不同的。首先，我们先要明白一个常识：光线也就是可见光，它只占自然界中所有光线或者光波的极小部分，我们常说的 X 射线、γ 射线、红外线、紫外线、雷达波等都是看不见的，如图 1-43 所示，可见光只是自然界中光谱的极小部分，光谱又分为红、橙、黄、绿、蓝、靛、紫，这七色光谱混合在一起就变为了没有颜色的光线，当然我们也可以认为它是透明的光线，这就是可见光。那么，可见光的光谱为什么有不同的颜色呢？其实这个问题的解释也非常简单，这是因为不同的光谱有不同的温度。举例来说，我们点燃蜡烛时，会发现蜡烛的烛光从外侧到灯芯位置是由不同的色彩组成的，温度最高的是蓝光部分，温度适中的是白光部分，温度最低的是红光部分，这是不同的温度所带来的不同色彩变化，最终使烛光发出不同颜色的光。

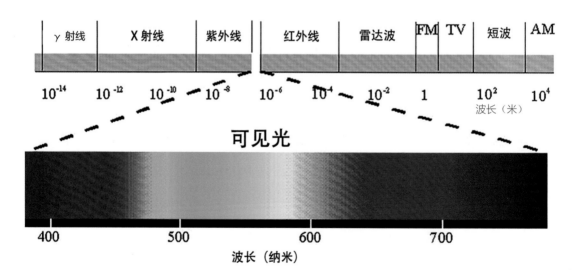

图 1-43

　　在摄影创作中，根据不同光的温度，我们就可以对画面的色彩进行特定的打造。在如图 1-44 所示的图中，我们展示了不同温度的光线颜色，K（凯尔文）代表温度单位，也可以称为色彩的温度（色温），烛光的温度是 1800K~2000K，手电筒的温度是 2500K，钨丝灯的温度是 2800K，日出日落的光线温度是 3000K，蓝天阴影下的温度是 7500K。可以看到，随着温度的升高，画面色彩产生了由红到蓝的变化。

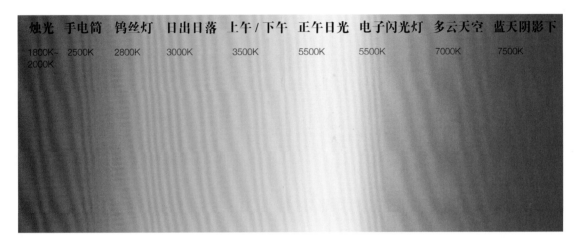

烛光	手电筒	钨丝灯	日出日落	上午 / 下午	正午日光	电子闪光灯	多云天空	蓝天阴影下
1800K~2000K	2500K	2800K	3000K	3500K	5500K	5500K	7000K	7500K

图 1-44

　　理解了光的温度，就能够理解在不同的场景中拍摄的画面为什么会呈现出特定的色彩。比如，如果相机设定的色温值高于实际拍摄场景的色温值，那么最终的画面就会呈现出一种更暖的色彩，也就是说，画面会往偏红的方向发展；如果拍摄现场的色温值比较高，而相机设定的色温值又比较低，那么最终的画面就会往偏冷的方向发展；只有相机设定了与实际拍摄场景基本相同的色温值，才能够准确地反映出真实场景的色彩。在了解了光的温度、色温与相机设定色温值的关系之后，我们就能够把握好各种不同场景的色彩偏移以及色彩还原问题。

　　如图 1-45 所示的这张照片的星云实际上是由不同的星体发射出来的一种红色光线，这种红色光线实际上与早晚的太阳光线基本上是相同的，所以我们在夜晚拍摄时，如果是设定了 3000K~4000K 这个范围的色温，那么就能够比较准确地反映出星云的色彩，但是星云的色彩被准确还原之后还会产生新的问题，因为相机设置的色温值比较低，而夜晚阴影下的色温值又比较高，所以就导致最终画面整体的色彩要偏蓝一些。在图 1-45 中，我们可以非常明显地看到这种规律，当然也要注意一点，如果我们要准确反映这种星云的色彩，只靠色温的调整是不够的，还需要借助天文改机才能够将星云的色彩非常准确地呈现出来。

图 1-45

到了日落或日出时分，此时的光线会变得非常暖，如图 1-46 所示。光线中红色、橙色和黄色的成分比较多。此时即便我们准确还原了现实场景的色彩，整个照片也是非常温馨、非常温暖的。当然有时候我们为了强化这种强烈的暖调氛围，还可以设定稍比实际场景高一些的色温值，比如设定 5500K 的色温值来拍摄 3000K~4000K 的色温环境，那么画面的色调会更暖一些。

图 1-46

如图 1-47 所示的这张照片同样如此，虽然太阳与地面的夹角比较大，太阳光线比较强烈，色彩感并不是很强，但因为我们使用了 5500K 左右的日光色温进行拍摄，所以画面是非常暖的，强化了暖调的氛围。

图 1-47

　　到了中午前后，色温急剧升高，真实场景的色温已达 5000K 以上，那么设定 5000K 左右的色温进行拍摄，画面就能够准确还原真实场景的色彩。当然，此时场景的色彩就比较平淡了，都是大白光，画面的表现力要差一些，如图 1-48 所示。

图 1-48

如图 1-49 所示的这张照片，我们可以看到这是一个飘满晨雾的场景。真实的色温应该已达 7000K 以上，准确还原色彩之后，可以看到画面的色彩也是蓝色的，因为蓝色的色温基本上就是 7000K 以上。

图 1-49

1.7　高光与暗部的画面感

　　之前我们介绍了一些有关光线与色彩的知识，相对来说比较容易理解，下面我们将介绍一些有关用光的技巧，基本上都是一些经验总结，需要我们在摄影创作过程中不断进行验证和尝试，才能够真正掌握。

　　用光的第一个技巧是表达高光与暗部的画面感。高光与暗部的画面感实际上是指高光与暗部的不同色彩带来的感觉。一般来说，如果拍摄现场的光线比较强烈，那么最终呈现在照片中的高光部分会非常朦胧柔和，而暗部不会死黑，比较轻盈，充满空气感。而中间调的区域，也就是一般亮度区域有最高的清晰度和锐度，使画面能够呈现出丰富的细节和层次。也只有这种高光柔、暗部轻、中调锐的画面给人的感觉才是最舒适的。

案例 1

　　我们看如图 1-50 所示的这张照片，左上方是高光位置，右下方背光处是阴影位置，中间调的是比较丰富的秋天的色彩。通过观察画面，如图 1-51 所示，我们可以看到左上方①高光位置非常柔和朦胧；②阴影部分虽然黑但不是死黑，非常轻盈、充满空气感；③中间调的树冠部分锐度比较高、比较清晰，这部分的画面呈现出了丰富的细节，给人的感觉非常美好，看起来比较自然，也比较耐看。

图 1-50

图 1-51

案例 2

　　我们来看这三张照片，第一张照片，如图 1-52 所示，整体上是比较理想的，可以看到光线
照射的位置有一种隐约的朦胧感，暗部相对暗下来，但是没有死黑，中间调区域锐度比较高，符
合我们之前所介绍的光线透视规律，画面整体给人的感觉就比较好。第二张照片，如图 1-53 所
示，高光部分比较清晰，中间调也比较清晰，暗部就比较黑，所以画面给人的感觉就是非常清晰
但有些杂乱。第三张照片，如图 1-54 所示，中高光柔。中间调锐度都没有问题，但是暗部不够暗，
所以画面整体给人感觉比较干涩，不够油润。

图 1-52

图 1-53

图 1-54

1.8 光与色

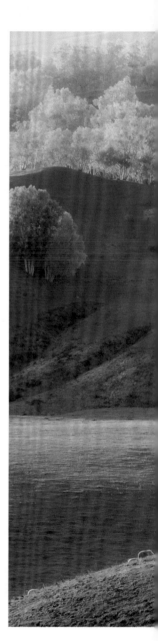

下面再来看光线与照片的色彩特点。

◇ 高光暖，暗部冷

简单地说，在直射光照射的照片中，高光部分应该是暖色调的，以偏黄、偏橙、偏红的色调居多，但是阴影部分（也就是暗部）通常是一种比较偏冷的颜色。这实际上与我们之前介绍过的光线的色彩是有关系的。太阳光线一般是从中午的 5500K 到日出日落时的 3000K~3500K，属于从白光到红光的色彩范围，所以在我们拍摄的照片中，受光线照射的部分应该充满光感，形成中间调和暖调的氛围，阴影处的色温在 7000K 以上，所以是一种偏冷的色调。只有这样的画面效果才更符合自然规律，看起来给人的感觉更自然。如果我们在后期处理时将暗部也渲染为暖色调，那么画面整体的氛围虽然比较热烈，但是会失去真实自然的感觉。在传统的摄影观念中，这种情况往往比较多见，实际上，这是一种错误的理念。

观察如图 1-55 所示的这张照片，受光线照射的树木、树冠部分以及近处的山坡部分是暖调的，而背光的阴影部分偏冷，甚至有些偏蓝，这是一种非常奇怪的组合，但正是这种奇怪的组合，给人的感觉反而非常真实自然，如图 1-56 所示，可以看到位置①的阴影部分偏冷色调，位置②的高光部分偏暖色调。因为在很多场景中，虽然阴影部分没有颜色，但整体给人的感觉或心理暗示就是冷色调的，这张照片只不过是强化出了这种暗部的冷调效果，让视觉效果变得更加强烈而已，所以还是比较自然的。

图 1-55

图 1-56

有些时候高光部分会非常暖，这种暖会通过空气的散射影响画面的暗部，导致暗部不一定是纯粹的冷色调，而是一种偏紫色，能够表现出比较神秘的氛围。如图 1-57 所示的这张照片，整个环境在暖光的照射下，大部分区域都是暖色调的，并且非常浓郁，这些暖色调区域会对暗部形成影响，暗部就产生了神秘色彩，画面整体看起来是偏冷的，这也是比较正常的。

图 1-57

在另外一些场景中，暖光部分并不是特别强烈，在这种场景下，我们要让暗部变得非常冷就不符合自然规律，画面看起来也不会好看。在这种情况下，我们可以把暗部的色感降下来，使之稍有一些偏冷的倾向，画面整体看起来就会比较自然。如图 1-58 所示的这张银河照片，中心部分肯定是暖色调的，因为画面中有大量的反射星云发出的红光，使银河纹理最精彩部分呈现暗红色或褐色的暖色调，所以在这种暖调下，如果让阴影部分变得非常冷清，偏青色或蓝色，那么画面效果一定不够自然。这张照片在后期处理中降低了阴影部分的饱和度，使之稍有一些偏冷的感觉，最终画面效果就会比较理想，如图 1-59 所示。也就是说光线越强，暗部可以变得冷一些，随着光线变弱，暗部不再适合变得特别冷清，只是有一定偏冷的感觉就可以了。

图 1-58

图 1-59

◇ 高光饱和度高，暗部饱和度低

　　画面中的高光部分应该有更高的饱和度，暗部应该有稍低的饱和度，这样的画面色彩看起来会更加真实自然。在传统的摄影理念中，我们需要对画面的饱和度进行调整，使整体色彩变得非常艳丽或者非常淡雅，但无论是艳丽还是淡雅都是整体上的调整，其实这并不符合人眼的视物规律。如果画面的整体饱和度非常高，那么画面容易给人非常油腻的感觉；如果画面的整体饱和度非常低，那么画面会给人非常寡淡的感觉。实际上，无论画面的色感强烈还是淡雅，我们都应该分区对待。

观察如图 1-60 所示的这张照片，从受光线照射的建筑物上半部分可以看到明显的暖色调，并且光感和色感非常强，背光的部分（特别是地景的部分）的饱和度都非常低。如图 1-61 所示的这张照片就呈现出整体色感比较强烈但又不会让人发腻的感觉，画面比较清新自然。

图 1-60

图 1-61

观察右侧这三张照片，画面的高光部分基本上没有色感上的差别，都有较强的饱和度，色感非常强烈，但是暗部的差别比较大。第一张照片，如图1-62 所示，暗部的色感非常弱，甚至接近于黑白的效果，整体上来看，这张照片色调分离稍有些严重，也就是暗部的饱和度太低了。第二张照片，如图1-63 所示，高光部分不变，暗部饱和度降低，但是不会特别低，这样的画面整体给人的感觉比较自然，色感仍然比较强烈，效果比较好。第三张照片，如图 1-64 所示，画面整体色感强烈，非常容易吸引人的眼球，但如果你仔细观察照片会发现，这张照片容易给人一种非常油腻、不真实的感觉，这是因为暗部的饱和度没有降下来。我们只要降低暗部的饱和度，画面整体给人的质感并不会发生太大变化，但是这种油腻的感觉就不存在了，反而画面整体会变得比较通透、比较舒适自然。这是画面高光与暗部的色感控制问题。

图 1-62　暗部弱

图 1-63　暗部中等

图 1-64　暗部最高

1.9 光效与快门

下面介绍光效与相机快门速度的相互关系。我们都知道，如果用慢门拍摄运动对象，往往会呈现出一定的运动轨迹，包括动感模糊的效果、水流动的效果、云雾涌动的效果等。我们就通过几个具体的案例来看光效与快门的关系，到最后你会发现，实际上快门速度不只影响了一些运动景物，它还会对一般的自然风光画面产生较大影响。

◇ 慢门的柔化效果

首先来看如图 1-65 所示的这张照片，这是雨后的云海和长城，可以看到在高速快门下画面整体会稍显杂乱，因为涌动的云雾明暗特别不均匀，并且有些边缘会显得比较毛糙。从如图 1-66 所示的分析图中，也可以看到①②③④这四个位置都给人一种不是特别干净的感觉，如果我们放慢快门速度拍摄这些相对杂乱的位置，云雾的流动就会抹平杂乱的光线，使画面显得更具流动感，更具质感，如图 1-67 所示。这是慢门下拍摄运动对象的一种非常明显的特点，所以在风光题材中拍摄运动对象时，只要不要求被摄主体特别清晰。我们一般要使用慢门进行拍摄，因为它具有更好的画面表现力和质感。

图 1-65

图 1-66

图 1-67

⟨⟩ 减光镜拍摄

　　接下来，我们再来看另外一个非常重要的知识点，可能很多人都没有意识到这个问题。为什么在风光拍摄创作中，如果不要求被摄主体特别清晰，建议使用慢门拍摄呢？下面讲到的这个案例就非常经典。

　　如图 1-68 所示的这张照片拍摄时间大概是傍晚七点，但是在北京的夏天日落要到 7:40 左右，所以此时的光线是非常强烈的。我们在拍摄这种场景时，被摄对象的影子边缘会非常生硬，画面整体给人的感觉不够油润。但我们在减光镜下进行拍摄，将快门速度调至 30 秒时，最后得到的画面整体显得就非常柔和，为什么会出现这种现象呢？是因为在太阳西下之后，我们可以看到太阳以肉眼可见的速度在下沉，那么在它下沉的过程中，影子是在不断移动的，在照片中，30 秒之内记录下来光的影子实际上是划过了一段距离的，所以在最终曝光的画面中，它的边缘就是一个柔和的过渡，也就是一个影子扫过的过程，最终照片中的光影就变得比较柔和。裁剪这张照片的局部进行放大，如图 1-69 所示，可以看到山体的影子边缘非常柔和，实际上，对于很多局部细节的凹凸不平的纹理来说，它们的影子也是如此，这样的画面整体给人的感觉会非常柔和。如果我们以高速快门拍摄，那么它们的影子边缘是非常生硬的，画面整体就会给人一种干涩的感觉，并且色彩表现力也不够理想。所以对于一般的风光题材来说，慢门对画面的成像有较大的影响。

图 1-68

图 1-69

1.10　光与相机

　　接下来我们再来看另外一种用光的技巧。实际上，经验丰富的摄影师大约会知道不同品牌相机的特点，当然这里不讨论哈苏、徕卡这一类比较高档的相机，主要讨论的是消费级、民用级的一些主流相机，比如佳能、尼康和索尼等。其实在很多年以前，摄影圈就流传佳能拍人像、尼康拍风光这么一个说法。近年来，随着索尼的崛起，它已经取代了尼康，整体的市场占有率已经排到了第二的位置，现在我们可以认为，佳能自成一派，而尼康和索尼的成像特点比较相似，因为尼康的传感器是由索尼代工的。我们后续的分析也主要是分析这两类。为什么有佳能拍人像、尼康拍风光这种说法呢？因为佳能的色彩还原度比较高，特别是对于人物面部肤色的还原比较红润、干净，但是尼康和索尼拍出来的人像肤色会偏黄一些，而且色彩并不是特别均匀，需要做大量的后期处理，效果还不一定自然，所以才会有这么一种说法。此外还有一种原因是，之前有人说尼康与索尼的动态范围比较大，它们的暗部细节表现力比较好，拍摄之后，后期时提亮暗部，噪点相对少一些；佳能的暗部提起来，尾色比较多，细节比较少，噪点比较多。这也是很多人说尼康和索尼更适合拍风光的一大原因。但是根据个人的经验来看，实际情况并非完全如此，最大的问题是这种说法只关注了照片的暗部，而没有关注照片的高光部分。下面通过几个案例来对比佳能、索尼和尼康的高光部分的表现力。

案例 1（佳能）

　　如图 1-70 所示的这张照片拍摄的是一个比较强烈的逆光场景，太阳看似被山体挡住了，但实际上是因为山上的长城比较高，此时太阳的光线仍然非常强烈，逆光拍摄之后，后期降低高光部分的曝光值，就可以看到高光部分仍然追回了层次和细节。这是佳能的高光部分的表现力，就是在标准曝光值下，高光更容易追回一些细节和层次。

图 1-70

图 1-71

　　使用尼康和索尼相机的用户，肯定已经发现了这个问题。如果在标准曝光之下，有强光源的场景高光一定是过曝的，根本没有办法追回高光的层次和细节。如图 1-72 所示的这张照片就是这样，高光部分过曝，没有办法追回层次和细节。从这个角度来说，索尼与尼康的高光不如佳能的。要拍摄这种场景，使用佳能相机只需要正常拍摄即可，但是使用尼康相机或索尼相机就需要降低曝光值进行拍摄。简言之，佳能的宽容度不如尼康和索尼这种说法是不准确的，我们只能说，佳能的暗部表现力不如索尼和尼康，而索尼和尼康的高光部分的表现力不如佳能。

图 1-72

图 1-73

案例 2

　　如图 1-74 所示的这张照片是使用尼康相机拍摄的意大利多洛米蒂山的银河场景，后期大幅提亮了暗部，可以看到暗部依然表现出很好的层次和细节，如图 1-75 所示。这说明尼康相机的暗部表现力确实比较好。

图 1-74

图 1-75

1.11 偏光与光害

本章的最后我们来讲解偏振镜的使用。在拍摄风光题材时，所有拍摄场景中都会存在一些比较杂乱的反光，即便是在通透的场景中，这种反光也会导致一些景物表面存在色彩明显失真的问题，因为它的散射光会导致一些景物自身的色彩感变淡、通透度下降、细节纹理损失等问题出现，但是借助偏振镜，我们就可以消除这些问题了。

偏振镜的原理是指通过光学镜片来消除空气中特定方向振动的光波，只允许另外一些振动方向的光波通过，从而消除反光以及一些杂乱的散射光，最终让画面的色彩变得更加艳丽。我们知道自然界中的太阳光本身也有某一个振动方向，如果存在一些杂乱的反射光，这些反射光的光波的振动方向肯定与入射光是完全不同的，因此，偏振镜在制作时加入了某些特定方向的光栅。

在如图 1-76 所示的图中，只允许上下振动的光波通过，并且通过率是非常高的；在如图 1-77 所示的图中，如果旋转光栅的位置，上下振动的光波就无法通过了，只有水平振动的光波能够通过；在如图 1-78 所示的图中，如果我们继续旋转角度，它就会只允许一部分上下振动的光波通过。因此，我们在使用偏振镜时，通过调整偏振镜的角度，只允许特定振动方向的光波通过，而将杂乱的反射光线的光波滤除掉，景物就呈现出了足够好的色彩以及通透度。

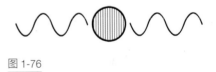

图 1-76

图 1-77

图 1-78

图 1-79

偏振镜都是双层结构的，如图1-79所示，我们在使用的时候，要转动偏振镜上层的偏振窗格，将偏振镜旋转到镜头前端，通过这种调整让特定方向的光波通过，从而消除了场景中的杂乱光线。需要注意的是，使用偏振镜时，如果想要起到最好的偏振效果，通常要让镜头朝向与光线的照射方向成直角，也就是说，在侧光或者斜射光的场景中，偏振效果最好；而顺光和逆光的场景中，偏振效果就很差。

如图1-80所示的这张照片中的植物变得非常干涩，尤其是左侧的树木，色彩感很弱，天空的蓝色也不够，这是因为这些树木以及天空中杂乱的反射光太多，这些区域就会变白，变得不够通透。而使用偏振镜进行拍摄，饱和度就会变高，通透度也会变高，色感变强，这也是偏振镜最明显的一个作用，如图1-81所示。

图 1-80

图 1-81

　　如图 1-82 所示的这张照片同样也使用了偏振镜拍摄，可以看到拍出来的画面色感非常强烈，并且画面也非常通透。如果不使用偏振镜直接拍摄，那么画面的反差会降低，画面整体的色彩也会变弱。

图 1-82

曝光控制与影调效果

　　精确地控制曝光，让图像展现出所拍摄场景的明暗反差与丰富的纹理色彩，是一张照片成功的标志之一。要掌握曝光的技巧，需要掌握曝光的基本概念、影响曝光的要素、测光原理与测光表、测光模式、曝光检查等多方面的知识。

2.1 影调层次与曝光

◇ 影调层次与曝光的关系

摄影中的影调，其实就是指画面的明暗层次。这种明暗层次的变化，是由景物之间的受光不同、景物自身的明暗与色彩变化所带来的。

由于影调的亮暗和反差的不同，一幅照片画面可以分为亮调、暗调和中间调；或者我们可以根据光线强度及反差的不同，将照片画面分为硬调、软调和中间调等。

2 级明暗只有暗调和亮调，缺乏中间调，明暗过渡跳跃性很大；3 级明暗虽然有中间调，但中间调比较少，过渡仍然不够平滑……一直到中间调非常丰富之后，才能看到明暗的过渡平滑、自然起来，照片整体的影调层次也丰富起来，如图 2-1 所示。

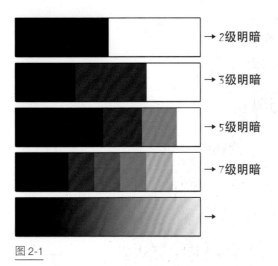

图 2-1

如图 2-2 所示的这张照片，在具体拍摄时降低了曝光值，原本比较幽暗的山谷氛围就会被强化，最终让画面整体的影调层次非常丰富，并且形成一种非常幽暗的影调氛围，这对这种画面主体的强化有非常好的促进作用。

图 2-2

　　如图 2-3 所示的这张照片，刻意地提高了曝光值，使得很多景物表面的细节消失，让欣赏者将注意力放在明暗相间的线条上，营造出了更强烈的现代化科技感。

图 2-3

　　如图 2-4 所示的这张照片的曝光值非常准确，将高光与暗部的层次和细节都表现得非常完美，并且画面的锐度非常高。之前我们已经讲过，中间调区域最适合表现画面的一些细节和纹理。这张照片中的中间调特别多，使整个城市的每个角落都呈现出丰富的细节。画面中间的铁塔色彩与周边景物有较大反差，所以我们不用担心主体不够突出的问题。

　　在手动挡模式下，锁定快门时间与感光度，放大光圈，比如将光圈从 F4 放大到 F2.8，画面整体明显变亮。虽然我们仍无法用肉眼进行判断，但是通过光圈值可以发现，画面的亮度提高了一倍。接下来锁定光圈值与感光度，虽然这样只是将快门速度调慢两倍，但是画面就明显变亮了，这是通过快门速度来改变曝光值的应用。同样，如果锁定了光圈与快门速度，只是改变感光度，也能改变曝光值，将感光度调高一倍，这时的曝光值也将调高一倍，画面明显变亮。

图 2-4

◇ 曝光的过程

从技术角度来看，拍摄照片就是曝光的过程。"曝光（exposure）"这个词源于胶片摄影时代，是指拍摄环境发出或反射的光线进入相机，底片（胶片）对这些进入的光线进行感应并产生化学反应，利用新产生的化学物质记录所拍摄场景的明暗区别。到了数码摄影时代，感光元件上的感光颗粒在光线的照射下会产生电子，电子数量的多少可以记录明暗区别（感光颗粒会有红、绿、蓝三种颜色，记录不同的颜色信息）。曝光程度的高低以曝光值来进行标识，曝光值的单位是 EV（Exposure Value），1 个 EV 值对应的就是 1 倍的曝光值。

摄影领域最为重要的一个概念就是曝光，无论是照片的整体还是局部，其画面表现力很大程度上都要受曝光的影响。拍摄某个场景后，必须经过曝光这一环节，才能看到拍摄后的效果。

如果曝光得到的照片画面与实际场景明暗基本一致，表示曝光相对准确；如果曝光得到的照片画面远远亮于所拍摄的实际场景，表示曝光过度，反之则表示曝光不足。

相机将所拍摄场景变为照片的过程，其实就是曝光的过程，如图 2-5 所示。

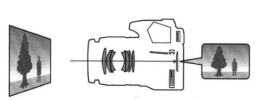

图 2-5

我们所看到的照片，都是经过相机曝光得到的，如图 2-6 所示。

图 2-6

◇ 决定曝光值的三个因素

看到曝光过程的原理后，我们可以总结出曝光过程（曝光值）要受到两个因素的影响，即进入相机光线的多少和感光元件产生电子的能力。影像光线多少的因素也有两个：镜头通光孔径的大小和通光时间，即光圈大小和快门时间。如图 2-7 所示的流程图的形式表示出来的就是光圈与快门影响进入相机的光量，进入相机的光量与 ISO 感光度影响拍摄时的曝光值。

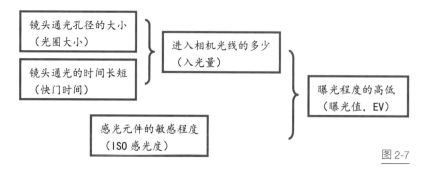

图 2-7

总结起来，即决定曝光值大小的三个因素是光圈大小、快门时间、ISO 感光度大小。针对同一个画面，调整光圈、快门和 ISO 感光度，曝光值会发生相应变化。例如，在手动曝光模式下（其他模式下曝光值是固定的，一个参数增大，另一个参数会自动缩小），我们将光圈变为原来的 2 倍，曝光值也会变为原来的 2 倍；但如果调整光圈为 2 倍的同时将快门时间变为原来的 1/2，则画面的曝光值就不会发生变化，摄影者可以自己进行测试。

对光圈、快门及感光度进行合理设定才能得到曝光相对准确的照片，如图 2-8 所示。

图 2-8

（1）利用光圈值控制曝光量

手动挡模式下（图 2-9 为 M 挡的液晶屏显示信息），锁定快门时间与感光度，通过放大光圈可以控制曝光量。

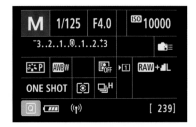

图 2-9

在如图 2-10 所示的这张照片中，比如将光圈从 F4 放大到 F2.8，可以看到画面整体明显变亮，如图 2-11 所示，虽然我们无法用肉眼直接进行判断，但实际上根据我们调整的光圈值，就能够知道亮度提高了一倍。

图 2-10

图 2-11

（2）改变快门速度曝光量

接下来锁定光圈值与感光度。在如图 2-12 所示的这张照片中，只是将快门速度进行调慢，调慢 1/2 之后，可以看到画面明显变亮，如图 2-13 所示，这是通过改变快门速度来控制曝光值的应用。

图 2-12

图 2-13

（3）控制感光度改变曝光量

同样，如果我们锁定了光圈值与快门值，只是改变了感光度，但也能改变画面的曝光值。在如图 2-14 所示的这张照片中，我们将感光度值提高一倍，可以看到曝光值也会提高一倍，画面明显变亮，如图 2-15 所示。

图 2-14

图 2-15

2.2 曝光与测光

◇ 曝光与测光的关系

　　通常来说，曝光值偏高的照片，影调层次会整体偏亮，呈现一种明媚、干净的基调；曝光值偏低的照片画面则会呈现出晦暗、压抑的基调。曝光值相对准确，但反差较小的照片，影调层次模糊，让人感觉画面柔和；反差较大的照片，则更容易给人一种干脆利落、情感分明的心理暗示，有时候还可以让人感受到一种力量感。

　　曝光值的高低，取决于测光技术的运用，照片反差的控制，从技术角度来看，则要取决于不同测光模式的选择。

　　对明亮的花朵测光，确保这部分明暗准确；但相机会认为场景都如明亮的花朵般明亮，于是会降低曝光值，这就导致了原本亮度较低的背景更暗，这是测光模式的一种运用，如图 2-16 所示。

图 2-16

改变测光方式，对画面各部分进行平均且准确的曝光，如图 2-17 所示。

图 2-17

⬦ 18% 中性灰与测光

相机测光的测量依据是"以反射率为 18% 的亮度为基准的"。

反射率指的是光线照射到物体上后一部分光线被反射回来，被反射回来的光线亮度与入射光线亮度之比。物体的反射率高，是指物体亮度高，对光线吸收少，如白雪的反射率约为 98%；反射率低则指物体亮度低，对光线的吸收多，如碳的反射率约为 2%。

从黑到白的几何等级中，中灰色的反射率是 18%，因此这一理论经常被称为"中级灰原理"或"18% 灰原理"。18% 灰是我们平日所能见到物体的反射率的平均值，是一个景物反射率的平均统计值，同时也是一个行业标准，有专门生产的 18% 灰度的灰卡作为拍摄时的测光依据。在拍摄中，依据灰卡测光，我们只要精准还原灰卡的色度，其他色彩还原也随之精准。这种方法广泛应用于不同环境的测光。

单独的测光表和相机内置测光表都是基于 18% 灰色原理设计制造的。五彩缤纷的自然界物体的反光率不尽相同，会以任何一个百分点表示出来。如图 2-18 所示，我们用肉眼所看到的亮、暗不同（色彩不同的物体如果反光率相同，呈现在黑白图像的颜色就相同），因此物体的反光率以呈现的"灰度"来表示。

图 2-18

依据 18% 灰原理生产的测光表因其用途不同也有不同的类型，根据其观结构分为"独立测光表"和"相机内置测光表"。独立测光表依据其不同的测光方式分为"入射式测光表（照度测光表）""反射式测光表（亮度测光表）"和"入射、反射两用测光表"，另外"反射式测光表中"还有为了更加准确测光的"点测光表"。

"相机内置测光表"属于"反射式测光表"。

◇ **点测光的原理与用法**

　　点测光，顾名思义，就是只对一个点进行测光，该点通常是整个画面的中心，占全图的 1.3%，如图 2-19 所示。测光后，可以确保所测位置以及与测光点位置明暗相近的区域曝光最为准确，而不考虑画面其他位置的曝光情况。许多摄影师会使用点测光模式对人物的重点部位，如眼睛、面部或具有特点的衣服、肢体进行测光，确保这些重点部位曝光准确，以达到形成欣赏者的视觉中心并突出主题的效果。使用点测光虽然比较麻烦，却能拍摄出许多富有意境的画面，大部分专业摄影者经常使用点测光模式。

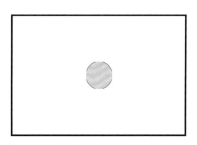

图 2-19

　　采用点测光模式进行测光时，如果测画面中的亮点，相机会认为所拍摄画面很亮，而降低曝光值，确保测光位置曝光准确，但这样会导致大部分区域曝光不足，而如果测暗点，则会出现较多位置曝光过度的情况。一条比较简单的规律就是对画面中要表达的重点或是主体进行测光，例如在光线均匀的室内拍摄人物。

　　点测光适用范围：人像、风光、花卉、微距等多种题材。采用点测光方式可以对主体进行重点表现，使其在画面中更具表现力。

　　采用点测光模式测被光线照射的亮部，这样相机会认为拍摄场景很亮而降低曝光值，这样可以让画面的明暗反差更加明显，如图 2-20 所示。

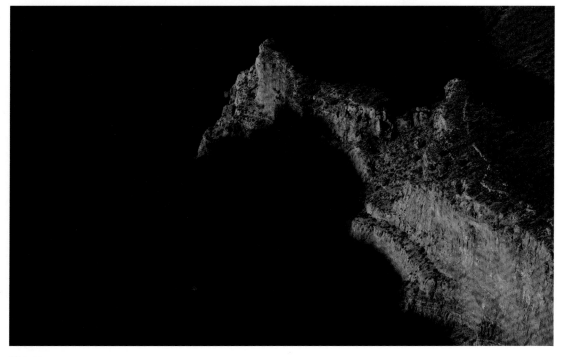

图 2-20

⟐ 中央重点测光的原理与用法

中央重点平均测光是一种传统测光方式，在早期的旁轴取景胶片相机上就有应用，使用这种模式测光时，相机会把测光重点放在画面中央，同时兼顾画面的边缘，如图 2-21 所示。准确地说，即负责测光的感光元器件会将相机的整体测光值有机地分开，中央部分的测光数据占据绝大部分比例，而画面中央以外的测光数据作为小部分比例，能起到测光的辅助作用。

图 2-21

中央重点平均测光的适用范围：一些传统的摄影家更偏好使用这种测光模式，通常在街头抓拍或纪实拍摄题材时使用，有助于他们根据画面中心主体的亮度决定曝光值。它更侧重摄影家自身的拍摄经验，尤其是根据黑白影像效果进行曝光补偿，以得到他们心中理想的曝光效果。

对人物进行重点测光，适当兼顾一定的环境，这也是很多人像题材的常见测光方法，如图 2-22 所示。

图 2-22

◇ 局部测光，更具技术含量的点测

局部测光是佳能特有的模式，是专门针对测光点附近较小的区域进行测光，如图 2-23 所示。这种测光模式类似于扩大化了的点测光，可以保证人脸等重点部位得到合适的亮度表现。需要注意的是，局部测光重点区域在中心对焦点上，因此拍摄时一定要将主体放在中心对焦点上对焦拍摄，以避免测光失误。

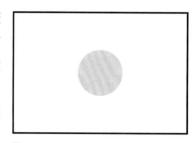

图 2-23

类似如图 2-24 所示的这种拍摄，重点是人物的表现力。首先使用中央对焦点对人物完成对焦和局部测光，之后锁定对焦和曝光，重新构图，完成拍摄。对人物正面背光的暗部测光，相机测光后会认为场景偏暗，所以会提高曝光值，确保测光点附近曝光准确，这样原本亮度较高的雪地景区域就会有较高的曝光值了。

图 2-24

◇ 评价测光的原理与用法

评价测光是对整个画面进行测光，相机会将取景画面分割为若干个测光区域，如图 2-25 所示。把画面内所有的反射光都混合起来进行计算，每个区域经过各自独立测光后，所得到的曝光值在相机内进行平均处理，得出一个总的平均值，这样即可达到使整个画面正确曝光的目的。可见评价测光是对画面整体光影效果的一种测量，对各种环境有很强的适应性，因此用这种方式在大部分环境中都能够得到曝光比较准确的照片。

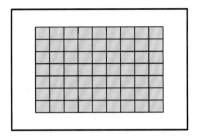

图 2-25

评价测光适用范围：这种模式对于大多数的主体和场景都是适用的，评价测光是现在大众最常使用的测光方式。在实际拍摄中，它所得到的曝光值使得整体画面色彩真实准确地还原，因此广泛运用于风光、人像、静物等摄影题材。

设定评价测光，拍摄出整体曝光均匀合理的照片，如图 2-26 所示。

图 2-26

✧ 测光与曝光补偿的关系

曝光补偿是指拍摄时摄影者在相机给出的曝光基础上，人为增加或降低一定量的曝光值。几乎所有相机的曝光补偿范围都是一样的，可以在-2~+2EV 范围增加或减少，但在变化时并不是连续的，而是以 1/2EV 或者 1/3EV 为间隔跳跃式变化。早期的老式数码相机通常以 1/2EV 为间隔，于是有-2.0、-1.5、-1、-0.5 和 +0.5、+1、+1.5、+2.0 共 8 个挡次，而目前主流的数码相机分挡要更细一些，是以 1/3EV 为间隔的，于是就有-2.0、

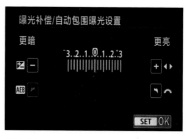

图 2-27

-1.7、-1.3、-1.0、-0.7、-0.3 和 +0.3、+0.7、+1.0、+1.3、+1.7、+2.0 等级别的补偿值。目前比较新的专业相机已经出现了-5~+5EV 甚至更大的曝光补偿范围（如图 2-27 所示，曝光补偿每变化 1EV，表示曝光量也变化 1 倍）。

·TIPS·

摄影师调整曝光补偿值时，相机内部其实是通过改变相应的曝光参数来实现补偿的。比如，在光圈优先模式下，我们增加 1EV 曝光补偿，事实上相机会自动将曝光时间延长 1 倍，这样就在测光确定的基础上，增加了 1 挡的曝光值。

标准曝光值，无补偿的照片，如图 2-28 所示。
曝光补偿-1EV 的照片，如图 2-29 所示。
曝光补偿 +1EV 的照片，如图 2-30 所示。

图 2-28

图 2-29

图 2-30

2.3 曝光模式

◇ 光圈优先模式的原理

　　光圈优先模式是一个图像曝光由手动和自动相结合的"半自动"模式，这一模式下光圈由拍摄者设定（光圈优先），相机根据拍摄者选定的光圈结合拍摄环境的光线情况设置与光圈配合达到正常曝光的快门速度。

　　这一模式体现的是光圈的功能优势，光圈的基本功能是和快门组合曝光。还有一个重要功能就是控制景深，选择了光圈优先功能，即选择了"景深优先"功能。因此，需要准确控制景深效果的摄影者往往选择光圈优先功能。

图 2-31

　　如图 2-31 所示原光圈拍摄的照片，继续开大光圈，画面的虚化效果会更强，如图 2-32 所示。

图 2-32

⟡ 快门优先模式的原理

　　快门优先模式也是一个图像曝光由手动和自动相结合的"半自动"模式，与光圈优先模式相对应，这一模式下快门由拍摄者设定（快门优先），相机根据拍摄者选定的快门结合拍摄环境的光线情况设置与快门配合达到正常曝光的光圈。不同的快门速度拍摄运动的物体会获得不同的效果，"高速快门"可以使运动的物体"呈现凝结效果"，"慢速快门"可以使运动的物体"呈现不同程度的虚化效果"，手持拍摄时快门速度的选择也是保证成像清晰或运动物体清晰的关键因素。

　　如图 2-33 所示一般快门速度拍摄的照片，继续放慢快门，画面中的溪流会更加模糊，如图 2-34 所示。

图 2-33

图 2-34

❖ P 模式的原理与参数组合表

程序自动模式简称 P 模式，此模式是相机将若干组曝光程序（光圈快门不同的组合）预设于相机内，相机根据被摄景物的光线情况自动选择相应的组合进行曝光。通常在这个模式下还有一个"柔性程序"，也称程序偏移，即在相机给定曝光相应的光圈和快门时，在曝光值不改变的情况下，拍摄者还可以选择另外组合的光圈快门，可以侧重选择高速快门或大光圈。

程序自动模式的自动功能仅限于对光圈、快门的调节，而有关相机功能的其他设置都可由拍摄者自己决定，如感光度、白平衡、测光模式等。它是一个自动与手动相结合的模式，曝光自动化，其他功能手动操作。既便利又能给予拍摄者一定的自由发挥空间，摄影初学者可从此模式入手了解相机的曝光原理和相机的设定功能。

P 模式的光圈和快门速度是由相机根据机内预设的程序来自动决定的，其算法遵循相应的拍摄规律。相机厂商结合大量优秀摄影作品和专业摄影师的拍摄经验，综合汇总后分析其内在的规律，并以此为依据设计出程序曲线，控制相机光圈值与快门速度的曝光组合。

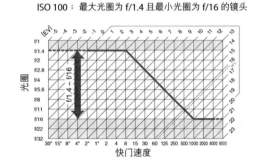

图 2-35

如图 2-35 所示图表底部的横轴为快门速度，左侧的纵轴表为光圈值。图表的顶部与右侧的数字为 EV 值。该图表显示的是感光度设定 ISO 100 时的测光范围与曝光组合。

例如，使用 50mm f/1.4 镜头拍摄时，如亮度为 12EV，从 12EV（上边线）作斜虚线，得到与自动曝光程序线的交点，再引水平和竖直线条，即得到相应的快门速度（1/125 秒）和光圈值（f/5.6）。

P 模式适合拍摄旅行中的一般留影、快速捕捉精彩瞬间，以及光线复杂曝光控制难度较大的场景等，如图 2-36 所示。

图 2-36

◇ M 全手动模式的原理

手动模式，除自动对焦外，光圈、快门、感光度等与曝光相关的所有设定都必须由拍摄者事先完成。对于拍摄诸如落日一类的高反差场景以及要体现个人思维意识的创作性题材图片时，建议使用手动曝光，这样我们可以依照自己要表达的立意，任意地改变光圈和快门速度，创造出不同风格的影像。在 M 模式下，曝光正确与否是需要自己来判断的，但在使用时必须半按快门释放按钮，这样就可以在机顶液晶上或观景窗内看到内置测光表所提示的曝光数值。

测光后，内置测光表下的滑块会指示当前的曝光设定是否有问题。当前显示的曝光偏高了 1EV，如图 2-37 所示。但实际上这只是一个参考。

在室内拍摄静物，可以设定好拍摄参数，那么同样光线下就不必再考虑测光问题，后续所有照片都会准确曝光，如图 2-38 所示。

M	1/125	F4.0	ISO 10000

-3..2..1..0..1..2.3

图 2-37

图 2-38

在如图 2-39 所示的这种特殊的环境中，在 M 模式下拍摄，更容易得到符合预期的照片效果。

图 2-39

◇ 全自动模式的原理

AUTO 模式即为全自动模式。设定此模式后，相机会变得类似于之前人们使用的傻瓜相机，用户只要对准拍摄对象，稳定住相机，按下快门，即可以拍摄到准确、清晰的照片。

使用 AUTO 全自动模式时，除非是极端环境，否则相机不会犯错，总能够拍摄出理想的照片，即曝光准确的画面，如图 2-40 所示。

图 2-40

TIPS

使用全自动模式时有一种情况比较特殊，例如在室内或是夜晚光线较暗的情景下拍摄照片时，相机一般不会根据光圈的条件而设定很长的曝光时间，而是直接自动弹起内置闪光灯对所拍摄场景进行补光。而没有内置闪光灯的相机则不存在这个问题。

✧ B 门长曝光

B 门专门用于长时间曝光——按下快门按钮，快门开启；松开快门按钮，快门关闭。这意味着曝光时间长短完全由摄影师来控制。在使用 B 模式拍摄时，最好使用快门线来控制快门释放和关闭，这样不但可以避免与相机直接接触造成照片模糊，还可以通过锁定快门按钮来增加拍摄的方便性，曝光时间可以长达几个小时（长时间曝光前，要确认 EOS 5D Mark Ⅳ 的电池电量充足）。

B 门的特点：由拍摄者自行设定光圈值，并操控快门的开启与关闭；光圈由拍摄者主动设定；快门速度由摄影师根据场景和题材控制曝光时间。

B 门的适用场景：超过 30 秒的长时间曝光，同样可以达到长时间曝光的效果，手动 M 模式的最长曝光时间是 30 秒，而对于 B 门来说，曝光时间可以多达数小时。所以同样是在拍摄夜空，M 模式只能拍摄到繁星点点，而 B 门模式，可以拍摄出斗转星移的线条感来。

在夜晚拍摄星空，如果要得到最细腻的星空画质，那么可以使用赤道仪追踪天空拍摄，进行长达数分钟的曝光。如此长的曝光时间，就需要在 B 门下进行，如图 2-41 所示。（当然，这张照片是先追踪天空曝光，后单独拍摄地景，最后进行合成得到的效果。因为使用赤道仪追踪天空拍摄时，地景会模糊，所以需要单独在同一视角不使用赤道仪时再拍摄一张地景照片）

如图 2-42 所示是当前比较流行的大星野赤道仪。

图 2-41

图 2-42

❖ 场景自动模式的原理

（1）人像模式

以人为主体的作品拍摄，往往采用大光圈的方式来获得浅的景深，使背景模糊，突出人物。另外，人像模式程序中的人物曝光设定也对相机测光得到的曝光结果进行了智能化的补偿调整，使人物的肤色看起来更加白皙、自然。当拍摄光线不足时，相机会自动弹出闪光灯对人像进行补光，使人物获得充足的照明。

（2）风景模式

拍摄户外风景时，我们总是希望看到的景物都清晰地呈现在我们眼前，风景模式正是因这样的需要而产生的。在风景模式下，相机会设置小光圈获得大景深，使景物的前后都清晰。但使用小光圈拍摄，遇到光线不足的场景，快门速度就会变慢，以获得充足曝光量，这时应当使用三脚架以保证图像的清晰度。

> **·TIPS·**
>
> 类似于人像与风光这种场景模式还有很多，常见的如运动、微距、花卉、夜景模式等。下图是风光模式下拍摄的画面，如图 2-43 所示。

图 2-43

（3）SCEN 模式

由于实拍中我们会面对美食、沙滩、日出日落、人像、风光等非常多的场景，而相机又不可能在模式拨盘上标记如此多的场景模式。

所以很多厂商将风光、人像、美食、日出日落、微距、沙滩等这些场景模式集成到 SCEN（不同品牌相机的叫法可能会有差别）中，选择该模式后，在液晶屏上就可以选择不同的具体场景模式了，如图 2-44 所示。

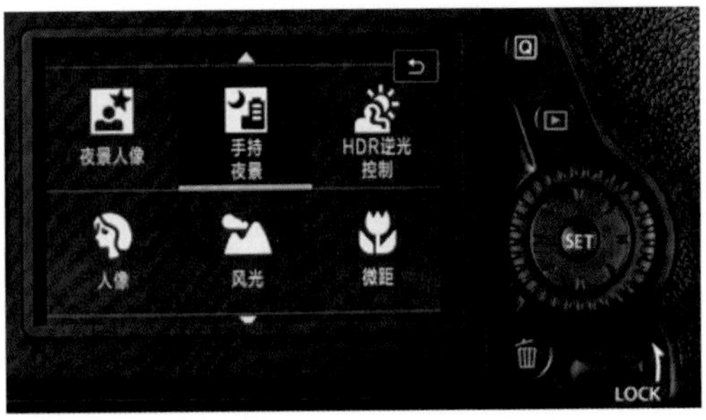

图 2-44

手动编辑模式的原理

所谓手动编辑模式是一种比较通俗的叫法，在某些相机的拨盘上，会有 C1、C2 等一些特殊标记。切换到这些模式后，我们可以发现一般默认情况下是一种程序自动模式。实际上，这是一些自定义模式，可以由摄影师自行编辑。具体来说，比如我们经常拍摄雪景，而雪景往往又需要较高的曝光值、较大的景深、较低的感光度，那么我们就可以在光圈优先模式下设定为光圈 F11、感光度 ISO 100、曝光补偿增加 0.7EV 的这组参数组合，然后在菜单中将这种组合设定为 C1 自定义模式，那么以后我们再拍摄雪景时，就不必再调参数了，直接转到 C1 模式下就可以调用之前设定的参数。

如图 2-45 所示，白天拍摄溪流时，往往需要特别小的光圈、最低的感光度，用以延长快门时间，那么我们就可以将某次的设定保存下来，保存为 C1、C2 或 C3 等自定义模式。再次拍摄时直接调用就可以了。

图 2-45

2.4 曝光控制

⬩ 向右曝光还是向左曝光

摄影技术在长达 200 年的发展历程中，产生了众多大家能够欣然接受的理论，其中比较常见的有向右曝光等。所谓向右曝光，是指在确保高光不会过曝的前提下，尽量提高曝光值。这样做的好处非常明显，可以确保弱光部位有充足曝光，可减少暗部提亮后产生大量噪点，从而提高照片画质。

但在实际的应用中，随着后期技术越来越发达，个人感觉向右曝光并不适应各种相机品牌。从一般意义上来讲，佳能、索尼与尼康三大品牌中，索尼与尼康的暗部表现力更好一些，但高光有所欠缺；而佳能的高光表现力更胜一筹，但弱光不够理想。从这个角度来说，如果你是佳能用户，那么可以考虑使用向右曝光的理论，适当提高一下曝光值，让暗部呈现更多细节；而如果你是索尼或尼康用户，那么就可以适当向左曝光，从而避免高光溢出无法追回细节，而暗部则可以后期提亮。

如图 2-46 所示的这张照片是尼康相机拍摄的石城画面，拍摄时降低了 0.7 挡曝光值（向左曝光），暗部可以在后期提起来，呈现丰富的细节，并且画质没有太受影响。

图 2-46

　　如图 2-47 所示的这张照片是佳能拍摄的夜景风光，即便稍提高了曝光值拍摄（向右曝光），最后灯光区域依然能够追回很理想的层次和色彩细节。

图 2-47

<> 锁定曝光的用途

　　我们经常会听到或自己也采用这种拍法：半按快门完成对焦和测光，然后保持快门的半按状态，移动视角重新取景构图，确定取景范围后，完全按下快门拍摄。这个过程的关键在于半按快门锁定了什么。针对包括 EOS 5D Mark Ⅳ 在内的中低档机型，如果是默认设定状态，那么持续的半按快门肯定是锁定了对焦的，但曝光却不一定是锁定的。

　　保持快门半按状态：在评价测光模式下，可以锁定曝光；在局部测光、点测光、中央重点平均测光模式下，无法锁定曝光。

　　类似如图 2-48 所示的这张照片，设定评价测光，在确定取景范围后，直接半按快门对焦并测光，然后完全按下快门拍摄即可拍摄到曝光准确的画面。

图 2-48

类似如图 2-49 所示的这张照片，设定评价测光，半按快门对焦并测光后，如果保持半按状态，移动视角重新确定取景范围时，应该是轻微的左右移动。如果上下移动来重新确定取景范围，那曝光就不准确了。上下移动时，前一刻确定的曝光值，肯定不适合移动之后的取景画面了，因为天空所占的比例不同，所以画面明暗度会发生变化。

图 2-49

要锁定曝光，最稳妥的方式是测光之后，按相机顶部的"*"按钮。佳能绝大多数单反机型均是采用这种方式来锁定曝光的。（当然，在自定义菜单内进行了某些按钮的自定义，那就另当别论了）

图 2-50

取景完成并对焦和测光后，按相机上的曝光锁定按钮，此时在取景器中可以看到曝光锁定的标志"＊"，如图 2-51 所示。

图 2-51

使用中央重点测光模式对被摄植物部分进行测光，让其曝光准确，同时兼顾周边环境的曝光，使画面的环境感更强，如图 2-52 所示。

图 2-52

⬦ 白加黑减的秘密

IT 技术发展到今天，在很多方面已经超过了人脑，其精确、快速的处理能力无与伦比，但在其本质上，却显得很笨，相机的测光也是如此。我们已经介绍过相机以 18% 的中性灰为测光标准，这也是一般环境的反射率。在遇到高亮，如雪地等反射率超过 90% 的环境时，相机会认为所测的环境亮度过高，会自动降低一定的曝光补偿，这样就会造成所拍摄的画面亮度降低而呈现灰色；反之遇到较暗的环境，如黑夜等反射率不足 10% 的环境，相机会认为环境亮度过低而自动提高一定的曝光补偿，也会使拍摄的画面泛灰色。

由此可见，拍摄者就需要对这两种情况进行纠正，实际来看，"白加黑减"就是纠正相机测光时犯下的错误，也就是说，在拍摄亮度较高的场景时，应该适当增加一定的曝光补偿值；而如果拍摄亮度较低甚至是黑色的场景时，要适当降低一定的曝光补偿值。

在拍摄雪景时，照片会因为要向 18% 的反射率靠近，如果不进行设定，那么照片会因为压暗反射率而泛灰偏暗。所以我们必须手动增加曝光补偿值还原雪景的亮度，如图 2-53 所示。

根据"黑减"的规律，减少曝光补偿，让画面足够暗，如图 2-54 所示。

图 2-53

图 2-54

◇ 曝光与直方图的关系

直方图也称为色阶分布图，是显示图像的色调分布的柱状信息图表。色阶指亮度，和颜色无关，但最亮的只有白色，最暗的只有黑色。色阶分布图的横坐标——"X"轴对应的是像素亮度图（在标准尺度0~255范围内），最左边为暗部（纯黑），最右边为亮部（纯白），中间为相对应的灰色区域。纵坐标——"Y"轴表示图像中每种色调亮度的像素数目。柱状图越高，表示具有该特定色调的像素越多。色阶分布图也是判断影像曝光的有效参考，如图2-55所示，图像的亮暗部层次可通过色阶分布图判断得更加仔细。

图 2-55

对于喜欢黑白摄影、追求图像的细腻层次的摄影者，色阶分布图是检查图像曝光层次的最佳参考。当曝光不正常时，亮暗部的层次信息会清晰地反映在色阶分布图上。

除可在相机回放照片时通过查看详细信息查看照片直方图外，在后期软件中，也可以查看照片的直方图，如图2-56所示。

图 2-56

✧ 直方图的五种状态

不同曝光的图片色阶分布图都不一样，是有一定规律可循的，特别对于曝光不正常的照片。在查看后背显示屏的同时，色阶分布图能更加准确地反映曝光情况。

我们通过下面几个例子来看看不同曝光情况下的色阶分布图形状。

（1）曝光正常，无色调溢出现象

曝光正常的图像的色阶分布图中的像素已分布到亮部和暗部，如图 2-57 所示，但并没有产生色调溢出现象，分布图中也没有出现空白现象，这说明景物的亮暗反差与相机曝光记录的影调范围相吻合，景物的亮暗细节都被记录下来，是一幅色调均匀、层次清晰的作品。这幅图像整体层次清晰，如图 2-58 所示。

图 2-57

图 2-58

（2）曝光不足，暗部产生色调溢出现象

如图 2-59 所示，大面积的黑色产生沉闷抑郁的效果，这是曝光不足的直观现象。色阶分布图可以看出图片暗部产生了色调溢出现象，暗部像素已超出色阶分布最暗区域，亮部几乎没有像素，且已延伸至灰色区域，由于曝光不足，画面整体色调较低，暗部层次已经看不清楚，如图 2-60 所示。

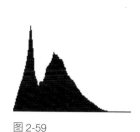

图 2-59

图 2-60

（3）曝光过度，亮部产生色调溢出现象

如图 2-61 所示，这类图像的色阶分布图亮部（最右端）会有色调溢出，暗部像素偏少，分布图整体偏右，这说明画面整体较亮。色阶分布图可以看出图片亮部像素产生了色调溢出现象，已超出色阶分布最亮区域，图中最暗部几乎没有任何像素，如图 2-62 所示。

图 2-61

图 2-62

（4）曝光过度和不足图片，亮暗部都有溢出

曝光过度和不足的图片暗部和亮部像素都已超出色阶分布最暗和最亮的区域，这幅图像的这两个区域都出现了色调溢出现象，如图 2-63 所示。这幅图也说明了此时相机的动态范围已经无法记录具有如此亮暗反差的图像，反差已经超出了相机记录的范围，如图 2-64 所示。

图 2-63

图 2-64

（5）反差过小的图片，缺乏高光和暗部细节

观察直方图可以发现，如图 2-65 所示，在横坐标的中间部位像素较多，这代表像素大多集中在不明不暗的灰色区域；而左侧的极暗与右侧的高亮区域几乎没有任何像素，这说明照片画面缺乏暗部与亮部细节，这也是一种曝光不准确的表现，如图 2-66 所示。

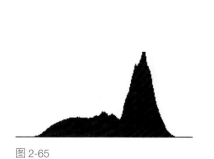

图 2-65

图 2-66

✧ 特殊曝光的场景

色阶分布图与图片曝光的对应关系说明了色阶分布图能够帮助我们检查图片曝光的详细信息，特别对于亮部和暗部的影调信息的查看有较大的帮助，但是自然界的光线反差变化是非常丰富的，不同环境的景物亮暗反差使得图片的色阶分布图也呈现出不同的形态，常常会出现看起来亮暗部色阶分布并不是很完美的图片，实际效果却非常理想；也往往有看起来色阶分布完美的图片实际效果却不甚理想。因此，对于色阶分布图通常在后背观看环境不是很理想的情况下参考使用，更多地还是要根据图片效果进行曝光调整。

如图 2-67 所示的白色对象占多数的照片，从直方图来看属于过曝类型，但实际上所拍摄场景本身就是如此，所以说这种云雾、雪景占多数的场景，本身就是一种比较特殊的直方图类型。

图 2-67

如图 2-68 所示的这张照片虽然从直方图来看是曝光不足的，但实际场景如此，这种低调幽暗的画面氛围恰好真实地反映了当时的情况。

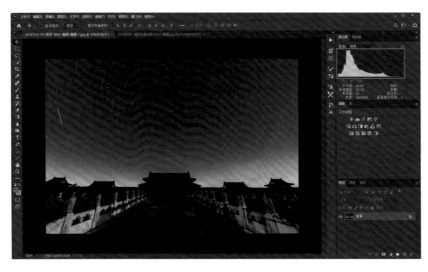

图 2-68

2.5　高级曝光技巧

◇ 动态范围与宽容度

相机的宽容度是指底片（胶片或感光器件）对光线明暗反差的宽容程度。当相机既能让明亮的光线曝光正确，又能让暗的光线曝光正确，我们就说这个相机对光线的宽容度大。

反差非常大的场景，照片显示照顾到了暗部，让暗部显示出清晰的细节，但可能就无法同时让亮部曝光准确，呈现丰富细节；反之亦然。例如，曝光过度的照片，原本场景的暗部足够明亮，但亮部却变为死白一片，如果相机的宽容度足够大，就既能"包容"较暗的光线，也能"包容"较亮的光线，让暗部和亮部都有丰富的细节。

动态范围则是指相机对于从最亮到最暗这个范围内细节的表现力。从最亮到最暗的部分，亮度层次过渡的平滑程度就是动态范围，动态范围大的图片，影调层次丰富，过渡平滑；反之，则可能会出现影调和色彩的断层。

从图 2-69 所示的照片中可以看到，远处天空的高光部分有细节层次，而背光暗处的细节层次也比较理想，这便是一种宽容度较大相机所拍摄出的照片效果。

图 2-69

如图 2-70 所示的这张照片中，虽然缺乏一些高光的细节层次，但从最亮到最暗的部分，层次过渡是非常平滑的，没有色彩和影调的断层，属于动态范围比较理想的效果。

◇ 进行 HDR 曝光拍摄

HDR（High Dynamic Range）拍摄模式是指通过数码处理补偿明暗差，拍摄具有高动态范围的照片表现方法。相机可以将曝光不足、标准曝光和曝光过度的 3 张图像，如图 2-71 到图 2-73 所示，在相机内合成，拍出没有高光溢出和暗部缺失的图像。选择 HDR 模式可以将动态范围设为自动或 ±1EV 或 ±2EV 或 ±3EV。 "自动图像对齐"功能主要是方便手持拍摄时使用 HDR 逆光控制，如图 2-74 所示。

图 2-71

图 2-72

图 2-73

图 2-74

拍摄逆光场景时，为了让暗部曝光正常，可以使用 HDR 功能进行拍摄，如图 2-75 所示。

图 2-75

◇ 自动亮度优化与动态 D-Lighting

一般来说，相机的宽容度要弱于人眼的宽容度，所以在拍摄高反差场景时会有一些困难，无法同时让暗部和亮部都呈现丰富的细节。但事实上，通过一些特定的技术手段，我们也可以让拍摄的照片曝光比较理想。

（1）自动亮度优化

佳能数码单反相机特有的自动亮度优化功能，专为拍摄光比较大、反差强烈的场景所设，目的是让画面中完全暗掉的阴影部分都能有丰富的细节和层次。在与评价测光结合使用时，效果尤为显著。（尼康的对应功能为动态 D-Lighting），如图 2-76 所示。

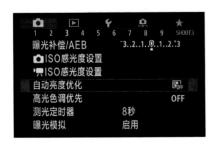 

图 2-76

　　当光线非常强烈、明暗对比非常高时，设定自动亮度优化功能可以尽可能地让背光的阴影（人物面对相机的一侧）部分呈现出更多细节，如图 2-77 所示。

图 2-77

TIPS　　　　　　　　　　　　　　　　　　　　　　　　　　　　　　　　　□ □ ×

　　要注意，在反差大的场景设定该功能可以显示更多的影调层次，不至于让暗部曝光不足。但在一般的亮度均匀的场景，要及时关闭该功能，否则你拍摄的照片将是灰蒙蒙的。

（2）高光色调优先

高光色调优先是指相机测光时，将主要以高光部分为优化基准，用于防止高光溢出，启动后相机的感光度会限定在 ISO 200 以上。高光色调优先对拍摄一些白色占主导的题材很有用，例如白色的婚纱、白色的物体、天空的云层等。

高光色调优先功能的设定方法如图 2-78、图 2-79 所示。

图 2-78

图 2-79

在如图 2-80 所示的画面中，天空的亮度非常高，如果要让这部分曝光准确且尽量保留更多细节，场景中的其他区域势必就会因曝光不足而变得非常暗，这时开启高光色调优先功能，即可解决这一问题。

图 2-80

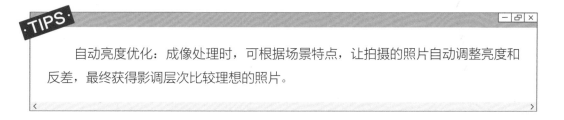

TIPS

　　自动亮度优化：成像处理时，可根据场景特点，让拍摄的照片自动调整亮度和反差，最终获得影调层次比较理想的照片。

⟨⟩ 多重曝光的 4 种常用模式

其实多重曝光并不复杂，有胶片摄影基础的用户更会觉得简单，但由于佳能在 2011 年及之前的机型中都没有内置这种功能，所以佳能用户会觉得比较新鲜。从 5D Mark III 开始，之后佳能的中高档机型中，均搭载了多重曝光功能。如图 2-81 到图 2-83 所示，多重曝光次数为 2~9 次，并有多种图像重合方式可选，如 "加法" "平均" 等。之后佳能的中高档机型均继承了这一功能，只是有些机型进行了一定程度的简化，操作时也非常简单。（尼康相机的功能设定也相似）

图 2-81

图 2-82

图 2-83

"加法" 像胶片相机一样，简单将多张图像重合，由于不进行曝光控制，合成后的照片比合成前的照片更明亮，如图 2-84 所示。

图 2-84

进行多重曝光时，可通过改变焦点位置进行多重曝光拍摄的方式得到柔焦的效果，也能对拍摄后的图像进行多重曝光，如图 2-85 所示。

图 2-85

　　"平均"在进行合成时控制照片亮度，针对多重曝光拍摄的张数自动进行负曝光补偿，将合成的照片调整为标准的曝光，如图 2-86 到图 2-88 所示。

图 2-86

图 2-87

图 2-88

　　另外"明亮"和"黑暗"是将基础的图像与合成图像比较后，只合成明亮（较暗）部分，适合在想要强调被摄主体轮廓的图像合成时使用，如图 2-89 所示。

图 2-89

　　多重曝光拍摄时能够选择边确认重叠图像边拍摄的"仅限 1 张"和"连续"2 种模式。无论哪种模式都能够选择"加法""平均"等合成方式。在体育摄影时，用连续多重曝光模式中的"连续"捕捉快速运动的被摄主体后，运动被摄主体的轨迹被连续拍下，能够拍出充满动感的照片。因为多重曝光次数最多为 9 次，不会像普通连拍一样拍出多张照片，而是仅在一张照片中拍出连续运动的被摄主体，容易表现出细微动作的变化。此功能主要适用于体育竞技摄影，在想要确认被摄主体细微动作的学术、商业拍摄中也很有效。

第 3 章

光的属性与控制

　　自然界的光线，会因为气层的状态、气候、地理位置、季节等条件变化而有极大的不同。同一个场景画面在不同的光线条件下给予欣赏者的感受是千差万别的。认识光线，把握好光线的条件和效果，是我们必须掌握的知识。

3.1 光比的实际应用

光线投射到景物上，亮部与暗部的比值就是光比。这样说你可能会觉得抽象不易理解，其实我们可以简单地用反差来替代光比，这样就更容易理解了。

如果景物表面没有明暗的差别，那光比就是 1:1，如果景物受光面与背光面反差很大，那光比可能是 1:2 或 1:4 等。测量光比，我们可以使用专业的测光表进行测量，但对于大多数业余爱好者来说，那还是有些麻烦，有些小题大做了。

其实我们可以用一种更简单的方法来确定光比，我们用点测光测背光面确定一个曝光值，再测受光面的曝光值，如果两者相差 1EV 的曝光值，那光比就是 1:2（因为 1EV 就表示曝光值差 1倍）；如果两者相差 2EV 的曝光值，那光比就是 1:4，依次类推。虽然我们看不到明确的曝光值，但我们可以在确定了光圈与感光度的前提下，快门速度每增加 1 倍，就表示曝光值提高了 1 倍，反之同理，这样就可以用来衡量光比了。

光比对于拍摄领域的最大意义是让我们知道场景的明暗反差到底是大还是小。在摄影领域，大光比即高反差，通常被称为硬调光场景，拍摄的照片自然是硬调的；反之则是低反差，即软调。高反差画面会让人感觉刚强有力，低反差会表现出柔和恬静的视觉感受。风光摄影、产品摄影中高反差质感坚硬，低反差则要柔和很多，有利于表现出被摄主体表面的细节。

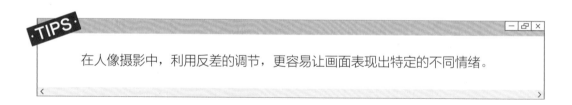

·TIPS·

在人像摄影中，利用反差的调节，更容易让画面表现出特定的不同情绪。

如图 3-1 所示的这张石膏像的照片具有强烈的光比，这种光比比较善于塑造画面中主体对象的立体感和空间感，画面会显得比较真实。如果光比不够，那么画面的立体感会有所欠缺。而对于实际的人像摄影来说，除光比可以塑造人物的一种立体感画面、面部以及肢体轮廓之外，强烈的光比还容易让画面酝酿出一些比较特殊的情绪或情感,比较擅长渲染画面的氛围,如图3-2所示。

图 3-1

图 3-2

3.2　光线的属性与照片效果

❖ 直射光的功能与情感

　　直射光是一种比较明显的光源，照射到被摄主体上时会使其形成受光面和阴影，如图 3-3 所示，并且这两部分的明暗反差比较强烈。选择直射光进行拍摄时，有利于表现景物的立体感，勾画景物的形状、轮廓、体积等，并且能够使画面产生明显的影调层次。

图 3-3

　　实际上，直射光下进行摄影比较容易让摄影师通过调整不同的取景角度和光线的方向来渲染不同的画面氛围，如图 3-4 所示，塑造不同的画面影调和立体感，如图 3-5 所示。如果画面中或场景中直射光线太强，则容易导致画面的局部产生过曝问题，因此，这种场景下我们更适合拍摄一些局部的小景，取一些色彩感及影调比较理想的局部进行表现，往往能取得比较好的效果，如图 3-6 所示。

图 3-4

图 3-5

图 3-6

◇ 散射光下的柔和恬静

除直射光之外，另一种大的分类就是散射光，也叫漫射光、软光，是指没有明显光源，光线没有特定方向的光线环境。散射光线在被摄主体上任何一个部位所产生的亮度和感觉几乎都是相同的，即使有差异也不会很大，这样被摄主体的各部分在画面中表现出来的色彩、材质和纹理等也几乎都是一样的。

在散射光下进行摄影，曝光的过程是非常容易控制的，因为散射光下没有明显的高光亮部与弱光暗部，没有明显的反差，所以拍摄比较容易，并且很容易把被摄对象的各部分都表现出来，而且表现得非常完整。但也有一个问题，因为画面各部分亮度比较均匀，不会有明暗反差的存在，画面影调层次欠佳，这会影响欣赏者的视觉效果，所以只能通过景物自身的明暗、色彩来表现画面层次。

散射光下拍摄人像，更容易将人物面部的肤质纹理表现得比较理想，并且人物的衣服材质等也会有较好的表现力，画面比较轻柔，给人比较舒适的感觉，如图 3-7 所示。

图 3-7

　　对于散射光条件下拍摄的风光题材，更容易塑造出景物自身的细节和表现力，但是要注意对画面影调层次的控制，如果影调层次不够丰富，那么画面往往会让人感觉比较平淡乏味。

　　在如图 3-8 所示的这张照片中，因为有深色的山体与浅色的云雾进行搭配，所以即便在散射光线条件下也能显示出比较丰富的层次，使画面比较理想。

图 3-8

　　实际上很多散射光环境它并不是特别纯粹，比如日落之后或是日出之前，天空的霞光亮度是非常高的，虽然没有直射光源，仍然是散射光环境，但是这种散射光有比较强烈的方向性及色彩感，那么这种场景进行风光摄影的创作就比较理想了。

　　如图 3-9 所示的这张照片，背景中的天空虽然没有直射光源，但它仍然带有强烈的方向性，让画面既显示出了足够丰富的细节，又确保了画面有丰富的影调层次和色彩层次，整体效果比较理想。

图 3-9

◇ 反射光线的功能与使用技巧

反射光是指光线并非由光源直接发出照射到景物上，而是利用道具将光线进行一次反射，然后再照射到被摄主体上，如图 3-10 所示。进行反光用的道具大多不是纯粹的平面，而是经过特殊工艺处理过的反光板。这样可以使反射后的光线获得散射光的照射效果，也就是柔化了。通常情况下，反射光要弱于直射光但强于自然的散射光，这样可以使被摄主体获得的受光面比较柔和。反射光最常见于自然光线下的人像摄影，使主体人物背对光源，然后使用反光板反光对人物面部进行补光。另外在拍摄一些商品或静物时也经常用到反射光。

图 3-10

如图 3-11 所示是创作人像时，对人物背光面进行补光的画面。如图 3-12 所示，摄影师对着人物正面进行拍摄，那么对于强烈光线背光面，为了避免出现比较浓重的阴影，就需要有助手在侧面借助反射光给人物的背光面进行补光。

图 3-11

图 3-12

下午 4 点以后，逆光拍摄美女人像，太阳光线会照亮人物的边缘轮廓，特别是头发部位，会形成漂亮的发际光，具有梦幻般的美感，如图 3-13 所示。

图 3-13

对于绝大部分人像摄影来说，无论侧光、斜射光还是逆光拍摄，要让人物面部呈现出足够好的轮廓细节以及肤质纹理，都需要对背光面进行补光。以如图 3-14 所示的这张照片为例，它就需要在拍摄时，借助反光板对背光面进行补光，从而让人物的面部有足够的亮度。

图 3-14

3.3 光线的方向与照片效果

◇ 顺光要色彩和细节

顺光是指光线的投射方向与镜头朝向保持一致的光线，如图 3-15 所示，对于顺光来说，其摄影操作比较简单，也比较容易拍摄成功，因为光线顺着镜头的方向照向被摄主体，被摄主体的受光面会成为所拍摄照片的内容，其阴影部分一般会被遮挡住，这样因为阴影与受光部的亮度反差带来的拍摄难度就没有了。在这种情况下，拍摄的曝光过程就比较容易控制，顺光所拍摄的被摄主体表面的色彩和纹理都会呈现出来，但是不够生动。如果光照强度很高，景物色彩和表面纹理还会损失细节。顺光在拍摄记录性照片及证件照时使用较多。

图 3-15

有时虽然并不是严格意义上的顺光拍摄，但因为景物距离比较远，影子非常短，我们可以将场景近似看成顺光环境，那么画面中的整个场景的色彩和细节就会比较完整，如图 3-16 所示。

图 3-16

　　如果顺光的场景中整体环境比较复杂，那么我们可以寻找一些特定的角度，让画面的影调层次变得丰富起来，如图 3-17 所示的这张照片，虽然是顺光拍摄，但我们借助机位背后树木的阴影丰富了画面的影调层次，最终得到了理想的效果，如图 3-18 所示。

图 3-17

图 3-18

◇ 侧光的质感与情绪表达

侧光（图 3-19）是指来自被摄景物左右两侧，与镜头朝向成 90°角的光线，这样景物的投影落在侧面，景物的明暗影调各占一半，影子修长而富有表现力，表面结构十分明显，每个细小的隆起处都会产生明显的影子。采用侧光摄影，能比较突出地表现被摄景物的立体感、表面质感和空间纵深感，可营造出较强烈的造型效果。侧光在拍摄林木、雕像、建筑物表面、水纹、沙漠等各种表面结构粗糙的物体时，能够丰富画面的影调层次，使空间效果更好。

如图 3-20 所示，侧光拍摄建筑物，在明暗交界处，会有明显的阴影变化，这有利于表现建筑物表面的质感和纹理，如图 3-21 所示。

图 3-19

图 3-20

图 3-21

侧光拍摄时，一般会在被摄主体上形成清晰的明暗分界线。这对于拍摄一些人物、雕像时非常有利，能够为主体增加一些特殊的气质，如图 3-22 所示。

图 3-22

◇ 斜射光的轮廓与立体感

斜射光（图3-23）又分为前侧斜射光（斜顺光）和后侧斜射光（斜逆光）。从整体上来看，斜射光是摄影中的主要用光方式，因为斜射光不仅适合表现被摄主体的轮廓，更能通过被摄主体呈现出来的阴影部分增加画面的明暗层次。在拍摄风光照片时，无论是大自然的花草树木还是建筑物，由于拍摄主体的轮廓线之外会有阴影，因此画面更具立体感。

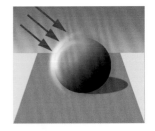

图3-23

如图3-24所示的这张照片，斜射光在景物上产生了非常明显的明暗反差，这种明暗反差既刻画出了被摄主体的轮廓，又让画面的敏感影调层次特别丰富。

图3-24

如图 3-25 所示的这张照片中借助斜射光自身的特点让景物呈现出了较好的轮廓感及影调层次，并且阴影部分还可以遮挡住左侧一些比较杂乱的细节和干扰物，让画面既具有立体感，又显得比较干净。

图 3-25

⟨✦⟩ 逆光的造型特点

逆光（图 3-26）与顺光是完全相反的两类光线，是指光源位于被摄主体的后方，照射方向正对相机镜头。逆光下的环境明暗反差与顺光完全相反，受光部位也就是亮部位于被摄主体的后方，镜头无法拍摄到，而所拍摄到的画面仅是被摄主体背光的阴影部分，亮度较低。虽然镜头只能捕捉到被摄主体的阴影部分，但主体之外的背景部分却因为光线的照射而成了亮部。这样会导致画面反差很大，因此在逆光下很难拍到主体和背景准确曝光的照片。利用逆光的这种性质，可以拍摄出剪影效果，极具感召力和视觉冲击力。

图 3-26

逆光拍摄会因被摄主体正面曝光不足而形成剪影。一般剪影的画面会让人有一种深沉、大气或是神秘的感觉，并且逆光容易勾勒出主体的外观线条轮廓。当然，所谓的剪影不一定是非常彻底的，主体可以如图 3-27 所示，有一定的细节显示出来，画面的细节和层次会更加丰富、漂亮。

图 3-27

逆光拍摄人物，如图 3-28 所示，会在人物的四周形成漂亮的边缘光，具有梦幻的美感，当然，这种前提是对人物正面进行了合理的补光，如图 3-29 所示。

图 3-28

图 3-29

◇ 奇特的顶光

　　顶光（如图 3-30）是指来自被摄主体顶部的光线，与镜头朝向成 90°左右的角。晴朗天气里正午的太阳通常可以看作最常见的顶光光源，另外通过人工布光也可以获得顶光光源。在正常情况下，顶光不适合拍摄人像照片，因为拍摄时人物的头顶、前额、鼻头很亮，而下眼睑、颧骨下面、鼻子下面会出现阴影，造成一种反常奇特的形态。因此，一般都避免使用这种光线拍摄人物。

图 3-30

顶光拍摄人物，人物的眼睛、鼻子下方会出现明显的阴影，这会丑化人物，营造出一种非常恐怖的气息，而人物戴上一顶帽子，则解决了这个问题，反而能营造出一种优美的画面意境，如图 3-31 所示。

图 3-31

⟨⟩ 底光

底光大多出现在城市的一些广场建筑物中，从下方投射的光线大多是作为修饰光而出现，并且对于单个的景物自身有一定的塑形作用。如图 3-32 所示的这张照片，城市的灯光，以及自身的一些光线，照亮了整个主体，而两个底光则对建筑物的局部形成了一定的强化，最终让建筑物自身出现了较好的影调层次和轮廓感，显得比较立体。

图 3-32

第 4 章

四时的自然光

　　从采光的角度来说，一天中不同时间段光线具有不同的特点，无论是光线的强度还是色彩都有非常大的区别，那么对于拍出的照片的效果影响也会非常大，导致照片产生不同的特点和风格。本章我们就将介绍在一天中不同时间段拍摄照片时的光线特点以及应对方法，并且会介绍在不同时间段适合拍摄的一些场景和题材。

4.1　夜晚无光

　　首先来看夜晚有哪些适合拍摄的题材。通常我们所说的夜晚主要是指太阳完全沉入地平线之后的一段时间，尤其是日落后 1 小时或是日出前 1 小时，此时没有太多天空光线的照射，几乎是纯粹的夜光环境，如图 4-1 所示。

图 4-1

　　夜晚拍摄时的光线也会有两种情况：一种是纯粹的夜晚无光，没有月光的照射，使得整体环境变成微观环境，任何的拍摄场景都非常暗，特别是在城市郊外或者山区。在这种场景中，适合拍摄的题材主要是天空的天体及星轨，所谓天体，主要包括银河、北斗七星以及具体的星座等。近年来比较流行的夜晚无光的拍摄题材主要是银河，拍摄银河需要我们对相机进行一些特殊的设定，要求使用高感光度（感光度通常设定在 ISO 3000 以上）、大光圈、长曝光拍摄，一般曝光时间不宜超过 30 秒，并且对相机自身的性能也有一定要求，镜头大多使用广角、大光圈的定焦或变焦镜头。这样能够将银河的纹理拍摄得比较清晰，让地景有一定的光感，呈现出足够丰富的细节。这种将夜空的银河拍摄清楚的照片能够让观赏者体会到自然的壮阔和星空之美。当然，要想表现出天空的银河，距离城市过近是不行的，需要在光污染比较少的山区或是远郊区进行拍摄，另外还需要在适合拍摄银河的季节进行拍摄。在北半球主要是每年的 2 月底到 8 月底，虽然在秋季的 9 月之后到来年的 1 月这段时间里也可以拍摄到银河，但却无法拍摄到银河最精彩的部分，因为这部分银河在地平线以下，只有 2 月到 8 月这段时间，银河最精彩的部分才处于地平线以上，所以这段时间更适合拍摄银河照片。

在大多数情况下，我们直接拍摄的银河是没有如图 4-2 所示的这张照片这么漂亮的，天空银河的纹理细节以及噪点控制情况也不会这么理想。另外，如果直接盲目地拍摄，也无法让地景呈现出如此细腻的画质和丰富的细节，如图 4-3 所示。

图 4-2

图 4-3

如图 4-4 所示的这张照片的拍摄是借助了赤道仪，对天空进行单独的拍摄，然后在不使用赤道仪的条件下对地景进行长时间曝光拍摄，最后将两张照片合成，才能得到这样的效果。赤道仪的原理是长时间拍摄天空，地球是在不断自转的，那么星空相对于地球就是不断转动的，那么赤道仪的作用就是进行与地球的自转反向的运动，抵消了地球的自转之后又确保相机始终与身体保持静止，从而得到足够清晰的天空画面。另外，我们对地景进行长时间曝光的目的是让它曝出丰富的细节和层次，要确保画面有较好的画质，感光度就不宜太高。夜晚无光的场景，地景有

图 4-4　赤道仪

可能曝光特别均匀，没有明显的对比，导致有些地方显得不够立体，所以对于很多地景，我们需要在后期进行对比度的强化。

如图 4-5 所示的这张照片拍摄的是大量的气辉以及北斗七星，后期进行地景的合成时，对地景的对比度进行了调整，可以看到，如图 4-6 所示中的三个位置有比较明显的明暗差，本身在这种夜晚无光的场景中不应该有这种差别，而我们后期进行了强化，这样就让地景显得更加立体，使画面整体的影调层次更加丰富。

图 4-5

图 4-6

　　在秋冬两季无光的夜晚一些特定的星座也是拍摄的目标。如图 4-7 所示的这张照片中表现的是猎户座，以及它周边的巴纳德环星云。我们借助夜晚无光的场景拍摄出的星云的色彩和纹理非常清晰，而猎户座中间的猎户座大星云也隐约可见。要表现这种星云的色彩仅借助一般的数码单反相机或者微单相机是无法实现的，因为它没有办法表现出如此漂亮的幸运色彩，所以要表现出这种效果需要进行天文改机。

图 4-7

当前的数码相机，为了能够正常还原所拍摄场景的色彩，都需要在感光元件前面加一片滤镜，用于滤除红外线，该装置称为红外截止滤镜（IR cut）。如果没有这片滤镜，那么日常拍摄出的照片都会偏红，是一种白平衡不准的画面色彩效果。

在星空摄影领域，天空中许多星云、星系发出的光线波长都集中在 630~680nm，光线本身就是偏红色的。但红外截止滤镜的存在会使得这些波段的透过率低于 30% 甚至更低，这就会导致拍摄的照片中星云、星系的色彩魅力无法很好地呈现出来。这也是我们用普通相机拍摄星空，画面中的天空很少有红色的原因。

图 4-8

为了表现出星云、星系等的色彩效果，热衷于星空摄影的爱好者就会对相机进行修改，称为改机。主要是将机身感光元件，也就是 CMOS 前的红外截止滤镜移除，更换为 BCF 滤镜。

改造之后的感光元件可对 650nm 到 690nm 波段的近红外线感光，让发射型星云等呈现出原本的色彩。

在夜晚拍摄的题材中，星轨始终是一个比较传统的题材，时至今日也广受摄影爱好者的喜欢。拍摄星轨主要是借助地球的自转，我们可以将星空当成静止的场景，但是地球是自转的，那么星空相对于地球也是转动的，这种转动有一个特点，就是整个星空都是围绕着正北方向的北极星来转动，而地球是绕着地轴转的，地轴直指的方向就是北极星的位置。所以当人们观察星空时，北极星的位置始终不变，一直处于正北方向，但是其他的天体或星星会围绕着北极星转动。利用这个特点，我们借助三脚架进行长时间的曝光，就能够将星星转动过的轨迹记录下来，它是一个个的同心圆。当然，我们所说的以北极星为中心点这是在北半球上，南半球上我们就需要寻找正南方。

拍摄星轨最关键的要点是寻找北极星，找准北极星的位置就知道了同心圆的中心位置，然后结合地景进行取景构图。寻找北极星有一个技巧，因为北极星本身亮度并不算特别高，也不是特别明显，因此不是那么容易寻找，所以在寻找时，我们要先寻找明显的北斗七星。之后注意观察，北斗勺位置的两颗星向外延伸5倍距离，就是北极星的位置，如图 4-9 所示。

找准北极星之后，结合地景进行取景构图，然后进行长时间的曝光拍摄，最终得到星轨的效果。一般来说，要得到比较理想的星轨效果，一般需要至少 20 分钟的时间。在胶片摄影时代，胶片相机底片对噪点的抑制功能比较大，

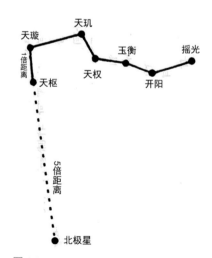

图 4-9

即便我们曝光长达几个小时，照片中的噪点也在可以接受的范围之内，但是到了数码时代，相机如果曝光时间超过了半小时甚至长达一个小时，照片中就会出现大量的噪点。而且对于相机电池的考验也是非常大的，电池可能续航能力不足以支撑，所以到了数码时代之后，借助长时间曝光来拍摄星轨的场景并不是很多。一般来说，借助数码相机进行星轨的拍摄可以采取多种方式：第一种方式是防曝设定较低的感光度，进行曝光时间一般在 20 分钟以上。第二种方式是进行多次曝光，将多次曝光的模式设定为明亮，是一种变亮的方式，进行最高可达九次的多次曝光，单次单张的曝光时间可以达到 45 分钟以上，这种方式得到的星轨长度还是比较理想的。第三种方式是采用拍摄一般星空银河的方式，进行多次拍摄单张曝光时间 30 秒。如果我们连拍 120 张照片，实际上总共需要 60 分钟，最后在后期软件中对这 120 张照片进行堆栈合成，也可以堆出星轨的效果，它与直接拍摄的星轨效果并没有太大不同，并且借助堆栈进行拍摄的好处是非常多的。拍摄完成之后有大量的素材，我们可以对素材进行延时视频的制作。另外，拍摄过程中如果地面有行人或车辆出现，这种灯光会干扰其中的几张照片，那么后续合成时我们可以将这几张照片的地景遮住，只对其他照片的地景进行设计、合成，最终的照片中就不会出现任何光污染。如果用单次的长时间曝光或者多次曝光的方式来拍摄星轨，一旦拍摄过程中地面出现了手电筒或车辆等的光源，会导致我们整个拍摄过程失败，拍摄过程中任何一些小问题都有可能导致最终的拍摄失败。但是我们利用堆栈的方式进行星轨的创作就不存在这个问题，因为所有出现的一些中间的突发问题都可以在后期中得到很好的弥补，以下就是拍摄星轨的方式。

图 4-10

在没有月光的场景中进行拍摄，有一个非常致命的问题，那就是天空中的暗星都会显现出来。堆栈而成的星轨中星星是非常密集的，使星轨的同心圆一层接一层，给人一种较强的压迫感，有时候过于密集会使画面变得不自然，如图 4-11 所示的这张照片就是如此。

图 4-11

没有月光的夜晚比较适合拍摄星轨的场景主要是在城市中，因为城市地面的灯光会导致大量天空的暗星不可见，那么这时拍摄天空的星星就比较合理，最终得到的效果就比较理想。而且在城市中拍摄，地面的灯光还会对地景有一定的补光效果，让画面各部分的细节和层次甚至色彩细节都比较理想。如图 4-12 所示的这张照片就是在故宫的午门拍摄的一张新闻照片，可以看到星体的密度是比较合理的，地面的景物建筑表面的纹理、色彩、细节等都非常理想。

图 4-12

4.2　月光之下的星空

　　有月光照射的夜晚，一般来说就没有办法拍摄到银河，因为本身它的亮度并不高，被月光照射，我们就无法在照片中将其表现出来，但是有月光时拍摄星轨是比较理想的，因为在有月光的环境中，我们通过场景拍摄出的天空是比较纯粹的蓝色，整体显得非常干净深邃。如图 4-13 所示的这张照片，地面景物因为月光的照射效果显得比较明亮，天空深邃幽蓝，星体疏密也比较合理，画面整体效果就比较理想。

图 4-13

　　当然，如果是特别通透的夜晚，在周边没有光污染的情况下，如果月光又不够亮，那么我们拍摄的照片中，虽然天空是蓝色的，地景也足够明亮，但仍然会出现星体比较密集的问题。如图 4-14 所示的这张照片就是如此，甚至让人产生密集恐惧症，像这种情况其实我们也有很好的选择，那就是在拍摄时适当缩小光圈，降低曝光值和感光度，这样拍摄时可以压暗天空，让一些相对比较暗的星星变得更暗，从而不可见，最终只显现出一些比较明亮的星星，这样在后期合成时更容易得到疏密合理的星空效果。

图 4-14

　　如图 4-15 所示的这张照片就是适当地降低了曝光值，可以看到天空中的星星密度还是比较合理的。当然，这张照片与前面的照片不同，前面的照片我们是对着正北方进行拍摄的，在拍摄的照片中，天空是同心圆的轨迹，而这张照片则是一种双曲线的效果。所谓双曲线的星轨，是指拍摄时，我们要对着正东方或者正西方进行拍摄。因为地轴的转动，画面两侧就会形成分别绕北极星和正南方转动的两个圆形，呈现的照片中就是这种双曲线的星轨效果，这是在北京市密云区不老屯天文台拍摄的一张星轨摄影作品。

图 4-15

　　当然，即便是有月光的夜晚，只要时机掌握合理，也能够拍摄出比较理想的银河作品。如图 4-16 所示的这张照片就是提前计算好时间拍摄到的，银河拱桥升起之后的一段时间，月亮才慢慢从地平线升起，因为月亮与太阳一样都是东升西落，所以月亮升起的位置基本上正好位于银河拱桥的下方，在月亮初升时拍摄银河，月光对于银河的干扰并不强烈，这个时候我们就可以拍摄出这种银河之眼的画面，也可以称为银河拱月。这是在内蒙古太仆寺旗贡宝拉格草原拍摄的一张照片，公路延伸至远处，指向的是一轮初升的月亮，上方刚好是银河拱桥。

图 4-16

4.3 天光

　　夜晚即将过去时，天空中会逐渐出现天光，所谓的天光并不是指星体的质量，而是太阳的散射光。这种散射光并没有让整个的天空或是地面发生过于剧烈的变化，最明显的效果是让天空中的星星开始变弱变少，有时甚至几乎不可见，让地面很多景物呈现出了丰富的细节和层次。我们用眼睛直接观察时，几乎能够分辨出远处地面的一些景物细节，这时进行长时间的曝光拍摄，我们就能够让画面呈现出非常好的表现力。

　　如图 4-17 所示的这张照片是采用二次曝光的方式进行拍摄的。为即将落入地平线的月亮预留一定的天空空间之后，对地景进行长曝光拍摄。如图 4-18 所示，长城上下的细节是比较完整的。然后调转方向，对月亮进行拍摄，最终得到二次曝光的效果，有一种明月照边关的画面氛围。

图 4-17

图 4-18

　　所谓的天光有两个时间段：一个是天亮之前，另一个是日落一个小时以后。此时虽然不再有霞光和蓝调，但是仍然有太阳散射的光线，地面仍然没有全黑。

　　如图 4-19 所示的这张照片就是在乌兰布统坝上公主湖冰面拍摄的一张摄影作品，可以看到画面整体的细节还是比较完整的，因为有天光的影响，为了避免画面中没有明显的视觉中心或色调过于平淡，所以，画面中的人物带着马灯摆了一个特定的姿势，如图 4-20 所示，最后得到了这样一种冷暖对比的画面效果，神秘而有趣。

图 4-19

图 4-20

4.4　维纳斯带

　　在晴朗的天气条件下，太阳落山之后或日出之前，天空四周特别是太阳落下或升起位置的附近，可能会出现一道橙色等暖色调的光带，被称为"维纳斯带"。实际上这个名词来源于西方神话故事，据说爱神维纳斯有一条具有魔力的腰带，维纳斯带就是以此命名的。

维纳斯带的形成是因为部分红色的阳光照到了较高的大气层中，而它下方的蓝色，其实是地球的影子。

最接近地平线的地方稍暗，呈现偏冷的蓝紫色，是地球自身的影子；上方有金黄色与粉红色的过渡带，这是光线受到空气中细小颗粒散射后映出的美妙色彩，再往上则是冷色的天空。

太阳升起之前天边如果没有乌云的干扰会出现维纳斯带。如图 4-21 所示这张照片是在城市的高楼顶进行拍摄的，远处出现了明显的非常漂亮的暖调维纳斯带，上方是深蓝天空。此时的天光已经非常亮，地景的一些暗部也呈现出了丰富的细节，所以画面整体的细节比较丰富。而影调和色彩层次也比较理想，因为远处天空中出现了一个明暗的过渡，明暗和色彩的过渡主要受维纳斯带的影响。

图 4-22

图 4-21

　　维纳斯带与太阳跃出地平线之前产生的霞光比较相近，维纳斯带出现一段时间之后，可能在短短的几分钟或是十几分钟之后，霞光会逐渐变得明显。如图 4-23 所示的这张照片中，拍摄的是维纳斯带过后霞光出现之前，两者相融的天空的色带就显得比较明显。当然，这本质上还是一种由维纳斯带构成的画面效果。

　　实际上，整个维纳斯带出现的时间段可以称为蓝调时段。蓝调时段一般是指日出前十几分钟或是日落之后的十几分钟，那么此时的太阳是位于地平线之下，天空呈现纯粹的深蓝色调。地面即便是最暗的部分也没有完全变黑，整体的画面呈现出深邃、冷静的氛围，在这种环境中，比较适合拍摄一些城市风光，因为城市中的灯光以亮暖色调为主，与深蓝幽邃的环境会形成一种冷暖的色调对比，并且蓝色与暖色的光往往会形成互补的色调，这种色彩的对比非常强烈，具有较强的视觉冲击力，能够一下子抓住欣赏者的注意力。

图 4-23

图 4-24

4.5 蓝调时段

一天中的日出和日落是摄影的"黄金时刻"，然而或许很少有人知道，一天中的蓝调时刻（blue moment）也是摄影师最爱的拍摄时间，抓住这个时刻，神秘而忧郁的精彩大片就离你不远了。

蓝调时段一般是指日出前几十分钟和日落后几十分钟，此时太阳位于地平线下，天空呈现深蓝色调，随着太阳越来越低，蓝色越来越深，十分适合风光和城市题材的拍摄。

如图 4-25 所示这张照片，我们可以看到这样几个明显的特点，天空是明显的深邃的蓝色调，而背光的一些树木，即便是最暗的山体树木也没有完全变黑，仍然呈现出了一定的细节，被灯光照亮的部分也不会因为反差过大而产生高光溢出的问题，最终得到了这样一张蓝调的画面效果。

图 4-25

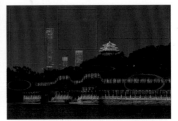

图 4-26

如图 4-27 所示这张照片拍摄的就是比较明显的蓝调时刻，我们可以明显地看到维纳斯带，实际上，维纳斯带是出现在蓝调时刻中的一种特殊景观。如果从早晨的角度进行分析，蓝调时刻过后，太阳离地平线越来越近，甚至已经倚在地平线上或是跃出地平线，此时太阳的光线强度并不算特别高，因为它有远处地面的一些湿气或者云层遮挡，会比较柔和，而此时光线的色温比较低，它会呈现出红、橙、黄等色调，这时天空的云层对这些光线进行散射，就会形成漂亮的霞光及霞云，并且会给整个画面渲染上非常浓郁的暖色调，与地面阴影处的一些冷色调进行搭配，可以产生一种戏剧性的效果，让画面显得非常漂亮。

图 4-27

图 4-28

如果是在野外的纯自然环境中进行拍摄，在蓝调时刻拍摄会较难得到理想的效果，因为此时的场景偏蓝，没有其他色彩调剂，画面会显得单调。如图 4-29 所示的这张照片在蓝调时刻拍摄时有天空高处的霞光作为补充，形成了较好的影调与色彩层次。如果没有这种霞光进行补充，那么就需要在地面人为营造一些灯光，从而丰富画面的内容和层次。

图 4-29

4.6 霞光

霞光是我们自然风光摄影爱好者都非常喜欢的创造场景，因为在这种场景中光比不是特别大，容易得到明暗细节都非常丰富的效果，而画面的色彩和影调又比较丰富，最终的照片画面就具有很好的表现力。

如图 4-30 所示的这张照片拍摄的是远景中国尊的日落，可以看到天空的乌云将整个画面渲染得非常漂亮，地景的灯光与天空的祥云形成了一种相互照应的关系，这是一种漂亮的都市霞光。

图 4-30

如图 4-31 所示的这张照片中的太阳
周边虽然没有明显的云层，但是霞光的散
射及反射仍然让天空的色彩感变得非常强
烈。当然，这张照片是在春分前后进行拍
摄的，此时日出的太阳是正东的方向，桥
本身的朝向也是正东和正西方向，这样拍
摄时就会产生一种悬日的景观。

如图 4-32 所示这张照片拍摄地是卢
沟桥的日出场景，它借助水面让霞光和桥
形成了倒影，构图比较巧妙，最终画面效
果就具有很好的感染力。

图 4-31

图 4-32

4.7　黄金时间

在风光摄影中，黄金时间段是指日落之前的 30 分钟到日落之后的 30 分钟，以及太阳在地平线之上和之下 30 分钟的时间，包括日出和日落两个时间段。那么在这个时间段中，正如我们之前所介绍的太阳光线强度较低，让摄影师比较容易控制画面的光比，可以让高光与暗部呈现出丰富的细节，而此时的光线色彩感比较强烈，能够让整个画面渲染上比较浓郁的暖色调或冷色调。这样拍摄出的照片，无论色彩、影调还是细节都比较理想，所以是进行风光摄影创作的黄金时间。

如图 4-33 所示的这张照片拍摄地是河北赤城具的独石口长城，在日落时分暖调的光线照射下，长城将整个山体一分为二，形成丰富的影调层次，色彩也比较理想，最终将城墙蜿蜒的这种效果表现出来了。

图 4-33

　　如图 4-34 所示的这张照片是春分时拍摄的长安街延长线的悬日奇观，经过计算之后，计算
出太阳落入央视大楼具体的时间点，再在这个时间到达机位进行拍摄。当然，要拍摄这种悬日奇
观对于拍摄机位的选取以及拍摄时间点的掌握，需要借助一款名为 planet 的软件进行辅助计算，
这款软件是一款收费软件，它的免费版本的功能有限。

图 4-34

　　如图 4-35 所示的这张照片是在蓝调时刻拍摄的古长城的场景，但是因为天空有高云，日落
之后太阳仍然照射到高处的云层上，最终形成了漂亮的霞云效果。

图 4-35

4.8 上午与下午

　　上午日出一段时间之后到下午日落之前，这段时间内太阳光线非常强烈，景物受光面与背光面的反差很大。这时进行拍摄，就特别容易出现高光溢出或是暗部曝光不足的问题；并且整个场景色彩感偏弱。在这个时间段，就应该注意选取一些色彩相对丰富的景物进行拍摄，比如说纳入蓝色天空等来丰富画面的色彩层次，并且要注意控制画面曝光，不要出现大片高光溢出与暗部曝光不足的问题。

　　如图4-36所示的这张照片拍摄地是雪后黄山的场景，实际上冬季的光线还并不是特别强烈，可以看到画面中仍然呈现出了丰富的细节，并且因为山比较高，它对光线的遮挡比较好，画面中的影调层次也比较丰富，唯一的缺陷是画面的整体色感有所欠缺。

图4-36

如图 4-37 所示的这张照片的拍摄地是午后的草原，可以看到因为没有明显的遮挡，画面中的阴影比较欠缺，没有光比，所以画面整体的色彩层次感就显得不够理想。好处是地景的黄绿色与天空的蓝色有明显的色彩差别，在白云的搭配下，整体色彩层次显得比较干净并有对比。

图 4-37

4.9　正午

中午是最不适合进行摄影创作的。光线条件不适合进行摄影创作并不能代表我们不能拍摄，实际上，在中午时我们可以拍摄一些身边的小景，借助近乎顶光的照射，拍摄一些画面的局部小景，从而让这些小景显示出强烈的质感。

　　观察如图 4-38 所示的这张照片，因为中午的光线过于强烈，导致画面中缺乏色彩，那么我们就根据场景选取了这个在顶光下能够呈现出较长阴影的房子的局部进行拍摄，让画面的层次变得更丰富一些。针对色彩感比较弱的问题，我们将照片变成了黑白色，避开了色彩的干扰，最终让画面表现出了一种强烈的质感。

图 4-38

4.10　特殊光线（局部光、边缘光、透光等）

　　除了我们之前所介绍的一些不同光线以及拍摄题材之外，实际上在自然界中还有一些非常特殊的光线，像是阴雨天中太阳偶尔从乌云的缝隙中投射出来，形成的一些局部光、耶稣光以及强烈对比的其他一些光影。如果能捕捉到这些光线，会让画面变得比较独特、有意思。下面将介绍一些比较特殊的光线。

　　首先来看如图 4-39 所示的这张照片，这是一种局部光效，这种局部光在多云的天气里比较常见。当然这种局部光并不是在我们看到之后就可以盲目地进行拍摄，需要等待和选取拍摄时机。这张照片我们经过等待局部光照射到远处的建筑上时进行拍摄，此时远处被光线照射到的建筑就与近处的建筑形成了一种远近的对比和呼应，如图 4-40 所示。你可以设想一下，如果远处的局部光照射的是建筑之外的区域，那么画面的效果就会大打折扣，有可能是失败的构图，所以这种局部光拍摄的时机选取是非常重要的。

图 4-39

图 4-40

　　如图 4-41 所示的这张照片同样如此，这张照片出现局部光时，我们等这片局部光几乎照射到完整的村落时进行拍摄，如图 4-42 所示。如果这片局部光照射不到村落，画面的效果就会大打折扣。

图 4-41

图 4-42

耶稣光也称为丁达尔光，有时也称为边缘光，它是指光线透过比较浓重的遮挡之后显示出的光线投射路径。如果光源比较强烈，而光源前方又有比较密的遮挡物，光线穿过遮挡物比较薄弱的部分时容易形成这种丁达尔光。常见的场景是光线穿过早晨茂密的树林，或是太阳穿过天空浓重的云层时都容易形成丁达尔光。另外，如果空气中水汽比较重，或是有一定的灰尘时，丁达尔光会更明显。

如图 4-43 所示的这张照片中光线穿过远景的树林，形成了非常强烈的丁达尔光照射到近景的羊群上（如图 4-44），画面就会让人有一种非常神秘和炙热的感觉。

图 4-43

图 4-44

如图 4-45 所示的这张照片则是强烈的太阳光线透过浓厚的积雨云产生的丁达尔光。实际上，这个场景中因为是在雨后，所以天空中有大量的水汽，可以看到丁达尔光比较明显，如图 4-46 所示。如果天空中水汽不够，类似这种场景，丁达尔光也不会特别明显。

图 4-45

图 4-46

　　第三种比较特殊的光线我们可以称之为透光，透光是指强烈的光源光线透过一些比较薄的遮挡物在遮挡物上所产生的一种光线透视的现象，这种透视会让遮挡物表面的一些纹理材质质感显得非常清晰和强烈。我们常见的场景是将相机放到地面仰拍花朵或者在树的阴影中，逆光拍摄一些树叶等。

　　如图 4-47 所示的这张照片中，悬崖峭壁上出现了三片叶子，我们逆着光线的方向拍摄，最终得到了这种透光的效果，如图 4-48 所示，可以看到叶片的质感非常强烈，它的纹理和脉络也非常清晰，有一种晶莹剔透的感觉。

图 4-47

图 4-48

在阴雨天气时，特别是夏季的阴雨天气、极端天气比较多，天气变化莫测，可能瞬间瓢泼大雨、瞬间又万里晴空。在如图 4-49 所示的这张照片中，乌云即将散去时左侧出现了强烈的光线，而右侧依然是乌云压顶，那么这种比较具有戏剧化效果的光线会让画面出现较强的表现力，也是我们比较值得拍摄的一些场景。如图 4-50 所示，可以看到照片中位置①受太阳光线照射亮度非常高，位置②依然是乌云蔽顶，位置③则是因为强光出现了浓重的阴影，是照片中最暗的部分。

图 4-49

图 4-50

4.11 特殊气象

　　实际上，我们还应该注意一些特殊气象下的光线。在一些特殊的气象条件下，我们借助这些特殊气象下的一些景物可以营造出非常独特的画面氛围和效果，令我们拍摄的自然风光照片与众不同。

如图 4-51 所示的这张照片，晨雾炊烟能遮挡照片中杂乱的细节，让画面变得非常干净，并且内容比较丰富，如图 4-52 所示。这是晨雾炊烟对画面的一种影响，当然我们也可以认为这是一种特殊的气象。

图 4-51

图 4-52

　　如图 4-53 所示的这张照片是在长城拍摄的雨后云海的一个场景，这种借助云海来丰富画面的内容和层次是非常理想的，因为它本身亮度非常高，所以与深色的山体形成一种明暗对比。另外，因为云海本身具有一定的比较梦幻的美感，所以让画面显得比较优美。当然，拍摄这种云海最好还是在日出时分进行拍摄，会更突出画面的表现力。

图 4-53

　　如图 4-54 所示的照片是在大雪纷飞的环境下拍摄的北京香山碧云寺，大雪纷飞中能够完成对焦拍摄本身就不容易，但是天空中出现了一些飞翔的鸽子，从另一个角度描绘了一幅寒山飘雪的冬季美景。

图 4-54

第 5 章

室内人像用光

室外自然光线下的人像用光与一般的用光其实并没有太大不同，无非是更注重人物面部的光效，让人物面部等重点部位有足够的明亮度。人像用光的重点在于室内用光，具体包括闪光灯、影棚灯等的使用技巧和布光方法。本章将对室内人像用光的技巧及思路进行详细介绍。

5.1　室内自然光与照明灯

◇ 一般室内照明灯

　　室内的灯光人像摄影分两种情况：一种是我们进行比较专业的布光，类似专业影棚的布光；另一种是借助照明用的台灯、白炽灯等作为光源的，是非常简单的室内灯光摄影。有关棚拍的布光和实拍技巧，我们在后面会详细介绍，这里主要介绍的是借助单独的照明光源拍摄人像的技巧。

　　使用台灯作为光源时，由于光线具有较强的方向性，因此只要让光线照向人物面部就可以了。当然要控制好距离，不要让人物面部出现过曝现象。拍摄时设定点测光或中央重点测光对人物面部测光，这样可以压暗周边场景，会有一种明暗对比的强视觉冲击力，如图 5-1 所示。

图 5-1

使用照明用的钨丝灯或白炽灯作为光源拍摄时，由于光源发散性很强，因此我们可以使用较厚的 A4 纸折成筒形将其遮住，让光源主要射向人物所在的方向，重点强调人物面部等重点部位。这样操作的同时，也会压暗周边环境，从而凸显人物，如图 5-2 所示。

图 5-2

⟨⟩ 室内混合光效

在室内灯光下拍摄人像，照片色彩的控制是有一些难度的。如果场景中既有窗光、门口光，又有灯光时，那光线条件就比较复杂了。如果白平衡的设定控制不好，很容易出现色彩还原的失误。这时你不能根据照明灯光源来设定白平衡，因为还存在室外摄入的自然光线。如果实在无法把握，那可以设定为自动白平衡模式进行拍摄，由相机自动进行色彩还原。在大多数情况下，色彩还原的效果还是不错的。而且当前主流的数码单反相机都有正常色和保留暖色调的两种自动白平衡，可以供摄影师选择两种不同的自动白平衡效果，如图 5-3 所示。

图 5-3

5.2 闪光灯使用技巧

◇ 闪光灯的作用 1：为主体补光

闪光灯最主要的作用是给主体补光，如图 5-4 所示。

图 5-4

◇ 闪光灯的作用 2：提升环境亮度

在弱光下拍摄运动主体时，为获得充足的曝光，快门速度要很慢才行，但这样运动主体就会出现动态模糊的情况。如果要使主体清晰，就需要使用闪光灯进行补光，提高快门速度，凝固运动主体瞬间清晰的画面，如图 5-5 所示。

图 5-5

⟨⟩ 跳闪

    跳闪是外接闪光灯的一种常用的拍摄手法，区别于闪光灯水平方向直接照射被摄主体。跳闪是不将闪光灯直接打到被摄主体上，而是把光打在头顶的天花板或者四周的墙壁上。原本闪光灯中发散出的一束光打在墙壁上后分散开来再照射到被摄主体上，这就是利用了光的漫反射原理来照亮主体，使点光源变得更加柔和，从而得到更自然的补光。

    跳闪时闪光灯的朝向是比较自由的，并没有固定的方向，主要是面对墙壁或其他反射面进行闪光，如图 5-6 所示。

图 5-6

如图 5-7 所示，相机对准人物面部，但闪光灯却对准左侧的墙壁进行跳闪，对人物侧面进行补光，最终让人物面部形成很好的立体感。

图 5-7

◇ 离机引闪

所谓离机引闪，是指将外接闪光灯放在相机之外的某个位置，在相机的热靴上安装引闪器，拍摄时利用相机上的引闪器来控制闪光灯进行闪光，即闪光灯不在相机上，拍摄时用安装在相机上的引闪器（需要单独购买）来控制闪光灯闪光。引闪器控制外接闪光灯闪光的方式主要有 4 种：

- 引闪器由信号线连接外接闪光灯，采用这种方式拍摄时，引闪成功的概率可达 100%，但因为中间有线连接，使用时不是很方便，并且只能 1 线控制 1 灯。
- 拍摄时引闪器发出红外线控制外接闪光灯闪光，采用这种方式拍摄时，引闪成功率稍低，因为可能会被某些障碍物阻挡而造成引闪失败，但使用比较方便，并且 1 个引闪器可以控制多个外接闪光灯同时使用。
- 拍摄时利用内置闪光灯的光线对外接闪光灯进行引闪，但采用这种方式时，外接闪光灯容易被外界光线干扰而造成引闪失败。

- 使用无线电引闪，无线电基本不受障碍物阻挡，信号传播距离远，几乎没有漏闪现象（最新的无线引闪器，能够提供 32 个通信频率，无线引闪距离在普通模式下能达到 500 米左右，在远程模式下能达到将近 1000 米的距离），但是采用这种模式引闪的成本很高。

室外拍摄人像，使用引闪的方式拍摄，可以营造出非常实用且漂亮的光影效果，让画面的空间感增强，显得更加真实、自然，如图 5-8 所示。

图 5-8

✧ 前帘同步与后帘同步

快门开启后闪光灯有两种闪光方式，分别为前帘闪光（图 5-9）与后帘闪光（图 5-10）。

图 5-9

图 5-10

前帘闪光与后帘闪光的示意图，如图 5-11 所示。前帘闪光是指在快门开启的刹那闪光灯闪光，闪光结束后快门仍然是开启的，并继续曝光，然后再关闭。前帘闪光是最基本的一种闪光方式，这种闪光方式比较容易控制，在开启快门的同时发送一个信号控制闪光灯开启即可；但由于闪光速度极快，因此有时可能会造成闪光范围不均匀的现象。后帘闪光是指在快门关闭之前闪光灯闪光。

图 5-11

让被拍摄人物拿一个小手电筒（或手机等照明物）从右向左侧走，过程中摇动手电筒，使用前帘闪光的方式拍摄的效果如图 5-12 所示；使用后帘闪光方式拍摄的效果如图 5-13 所示。

图 5-12

图 5-13

⟐ 高速同步与慢速同步

在使用闪光灯拍摄一些弱光甚至是夜景人像时，如果直接闪光，快门速度一般会被限制在 1/60s~1/320s（也有部分最高速度为 1/200s）的范围内（因为相机的高速闪光同步范围就被限定在这个时间段），这样短的时间内完成曝光就会导致背景曝光不足而主体人物曝光正常，使画面显得比较生硬，如图 5-14 所示。在这种情况下，可以使用慢门同步的方式拍摄，即设定更慢的快门速度，如 1/15s~1s 这个范围，可以让背景有更充足的曝光量，此时可以发现除主体人物较亮之外，原本较暗的背景也变亮了，这也就是通常所说的慢门同步闪光，如图 5-15 所示。

图 5-14

图 5-15

5.3　棚拍用光基础

❖ 棚拍时背景的选择

　　影棚人像摄影，多数以简洁、干净的纯色背景为主，这样可以方便后续的抠图，以进行下一步的合成等操作。在大多数情况下，影棚人像的背景以黑、白、灰等单色背景为主。在这些纯色背景的基础上，摄影师可以根据画面的需要，营造光的氛围。

　　当然，纯色背景并不是全部，摄影师还可以根据画面要求量身定做特殊背景。例如，没有过多后续抠图要求的婚纱照或者写真，可以使用一些实景喷绘的背景，以便在影棚中营造更多的环境氛围。用实景背景是一种很经济的做法，可以在室内营造出外景的效果。

　　在室内利用纯色背景拍摄人物写真，非常便于在后期对人物进行抠图，以进行后续的应用，如图5-16 所示。拍摄穿着白色衣物的人物时，为了方便后续的抠图操作，那么黑色背景就是必不可少的了，如图 5-17 所示。拍摄一些带有图案甚至是道具的室内人像，更多是为了目的是呈现人物的肢体、动作及表情等，而不是为了后续的商业应用等，如图 5-18 所示。

图 5-16

图 5-17

图 5-18

⟡ 棚拍时的光圈与快门组合

影棚内拍摄人像，一般情况相机的设定是有规律可循的，这里总结了常用的一些相机设定技巧。

（1）用最低感光度拍摄

在室内拍摄中，为了达到最完美的画质、最真实的颜色、最逼真的质感，并减少噪点的影响，摄影师大多选用较低的感光度值来拍摄。建议拍摄时的感光度不要高于 ISO 200，至于具体是 ISO 50 还是 ISO 100，那倒没有太大区别。

（2）常用光圈和快门组合

棚内拍摄，即便没有任何虚化，干净的背景也不会对人物的表现力造成干扰；另外，还要尽量避免人物发丝部位产生虚化，所以建议棚内拍摄时光圈的设定应以中小光圈为主，大多是在 F5.6 ～ F16 这个范围。至于快门时间，设定在 1/60s ～ 1/500s 这个范围就可以了，如图 5-19 所示。

图 5-19

◇ 棚拍时的白平衡设定

白平衡设定得正确与否，是能否得到一张色彩还原准确的数码照片的关键环节，如果仅用自动白平衡模式来进行闪光人像摄影，相机在拍摄前受造型光、环境光影响可能会出现色彩还原失真的问题。如果用白平衡选项中的闪光模式，仍然有可能偏色，因为目前市面上的闪光灯实际输出闪光时，色温值与闪光模式对应的 5500K 有着不同程度的偏差。大多数进口闪光灯的色温值在 5600K 或者略微偏高 200K ～ 300K，而多数国产闪光灯的色温值在 4800K 左右。

进行自定义白平衡（手动白平衡），可以拍摄到色彩还原非常准确的室内人像照片，如图 5-20 所示。

图 5-20

如果在拍摄前调整白平衡，有两种常用方法：一是用相机的自定义白平衡功能，在主体位置拍摄标准灰板（图 5-21）来自定义白平衡；二是提前用可测闪光色温的色温表（图 5-22）测定色温。

当然，我们经常会在后期调整白平衡，最好用的办法就是拍摄时在环境中放一张中性灰卡，采用 RAW 格式拍摄。在后期调色时只需要用白平衡吸管点击一下画面中灰板的位置，就可以校正同一批照片的白平衡了。

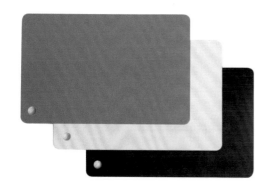

图 5-21

图 5-22

✣ 影室灯的使用技巧

影室灯有持续光灯和闪光灯之分。持续光历史最悠久，最早的持续光是白炽灯，色温范围在 2800K ～ 3200K，功率从几百瓦到上千瓦不等。近几年出品的高色温冷光连续光源，色温在 5600K±1000K 的范围内。持续光的优点是可以进行长时间曝光，自由设置自己需要的拍摄时间或者镜头光源。

现在影棚内使用最多的是室内闪光灯，更适合在瞬间进行抓拍，并且闪光的强度很高，这样拍摄出的画面更加通透干净。这种闪光的色温范围在 4800K ～ 5900K，因为与闪光灯白平衡的色温有一定偏差，因此为了获得更准确的色彩，建议拍摄时一定要拍摄一张带有灰卡的照片，用于后期校正色彩。

影室灯也可以进行细分，调节功率时有旋钮式调整的，如图 5-23 所示；也有数字调谐式，如图 5-24 所示。

图 5-23

图 5-24

❖ 棚内用附件

（1）柔光箱

柔光箱其实就是便携式的小柔光屏，装在闪光灯灯头上。柔光屏与光源距离固定，距离被摄物越近，光线越硬；距离被摄物越远，光线越柔和。此外，柔光箱面积越大，柔光效果越好，亮度越均匀；柔光箱面积越小，柔光效果越差，光线亮度就越强。常见的柔光箱有四边形柔光箱（图 5-25）、八边形柔光箱（图 5-26）等。

图 5-25　　　　　　　　　　　　　　　　图 5-26

（2）柔光柱

柔光柱（图 5-27）也是柔光箱的一种，只不过一般是落地式的，大约有 2 米高。柔光柱的特点是可以把模特从头到脚均匀照亮，所以在时装摄影中经常用到。

（3）反光伞

反光伞（图 5-28）是一种携带方便的反光式柔光设备，根据对强度和色彩的需要，有乳白、银色、金色的内反射面。乳白色伞面反射出来的光线比较柔和，无色彩偏移；而金色和银色伞面反射出来的光线比较硬。前者色调偏冷，后者色调偏暖。

图 5-27

图 5-28

5.4 棚拍用光实战

◇ 学会控制灯光的比例

　　我们可以通过调节闪光灯的输出功率来控制被摄主体所受到的光照强度，但当你混合使用不同品牌、不同功率的闪光灯拍摄时，调试工作会很麻烦，会浪费很多时间，而且很难将它们调成一样的亮度。最简单省事的方法是买同一品牌闪光灯，拍摄时调整成同一输出功率，这样我们在拍摄时仅仅靠调整灯具到被摄主体的距离就可以控制光比，既直观又方便。

　　如图 5-29 所示的照片中，主灯和辅灯的功率设定相近，能够拍摄到人物面部曝光比较均匀的效果。

图 5-29

如图 5-30 所示的图片中，主灯功率大，辅灯功率小，即光源存在明显的光比，这会让人物面部呈现出较强的立体感。

图 5-30

◇ 主光单灯

影棚内的光影效果从某些角度来看，也是模拟室外太阳光线。室外太阳是主要照明光源，同样地在影棚内也会设置一盏主灯（关键灯），主灯的位置一般是在主体前方 45°左或右的某一侧，稍高于相机所在水平线。另外，有时主灯具体的位置要取决于摄影者想要表达的照片效果。假设现在影棚内只开一盏主灯，可以发现在主灯光线的效果下，主体周围出现了很强的高光区和深色阴影，亮部与暗部的差别会营造出明显的立体效果。

用一盏主灯对人物进行补光，画面光比会显得比较强烈，如图 5-31 所示。

图 5-31

⟡ 辅助光

　　主灯会使主体产生高光与阴影部位，并且明暗反差很大，阴影部位比较暗，许多细节无法表现出来，这对表现人物面部细节是不利的，因此需要使用一些辅助灯光对主灯照射的背光部位进行补光。辅助灯主要用于对主体的背光部位进行补光，但应注意辅助灯的照明效果不能强于主灯的效果，否则会使现场光线陷入混乱，无法分出主次。

　　如果辅助灯的功率与主灯相同，则照明效果也会一样，这样在主体人物的面部就不再有阴影存在，没有影调存在，画面也就失去了轮廓与立体感。辅助灯功率低于主灯功率，如主灯功率为800W，则辅助灯可以使用 400W 或 500W，最后得到更具立体感的画面，如图 5-32 所示。如果主灯与辅助灯功率相同，则可以在辅助灯前加一道降低照明效果的毛玻璃、玻璃纸等道具。

图 5-32

✧ 照亮头发和背景

通常为了把模特和背景分开，我们会采取照亮模特头发的方法，给头发勾亮边或者照亮模特身后背景，如图 5-33 所示。通常使用天花路轨或者横置影室灯。

图 5-33

5.5　三种常见的棚拍布光方法

✧ 鳄鱼光

棚拍人像的风格是多种多样的，如利用双灯，在人物正前方两侧 45°夹角的位置，使用大型的柔光箱照射过来，进行均匀的照明，如图 5-34 所示，俗称鳄鱼光。这种布光方法最为简单实用，效果明亮均匀，适用性极广。

图 5-34

◇ 伦勃朗光

　　摄影讲求唯美情调的刻画，人物的用光、姿态和神情都需要相互和谐融洽。最为经典的布光方法是伦勃朗光，它一般是使用三个灯进行布光，包括主光、辅光和背景光。主光从人物前侧45°~60°的上方照射下来，让人物鼻子、眼眶和脸颊形成阴影，而在颧骨处形成倒三角形的亮区，突出侧光的立体效果，如图 5-35 所示；辅光安排在与主光相对的方向，亮度大约是主光的1/4~1/8，作用是为阴影进行补光；背景光则是照亮部分暗黑的背景，突出装饰效果。

　　伦勃朗布光法，实际上是模拟自然光中侧光的立体效果，我们在自然光下拍摄时，调整人物与阳光的角度，也可以得到相同的效果。

图 5-35

◇ 蝴蝶光

蝴蝶光也称派拉蒙光，是美国好莱坞电影厂早期在影片或剧照中拍女性影星惯用的布光法。蝴蝶光的布光方法是主光源在人物与镜头的正上方，由上往下 45° 方向投射到人物的面部，让人物鼻子下方形成阴影，如图 5-36 所示，似蝴蝶的形状，给人物脸部带来一定的层次感。

实际上，之前我们介绍的鳄鱼光，实际上也是从蝴蝶光衍生出来的一种布光方法。

图 5-36

⬧ 多灯人像

在通常情况下，室内拍摄中的单灯主要用于展示效果和教学使用，在实际的拍摄中大多要采用两灯、三灯的配置。

使用两盏灯时，一般是一盏作为主灯，另一盏作为辅助灯，主灯光线较强，辅助灯弱一些，这样有助于让画面产生明显光比，营造立体感。

实际上，主辅两灯搭配的方法有很多种，这里我们展示的是其中比较常见的一种两灯布光方法。主灯全开，辅助灯降低一半亮度，这样可以确保拍摄的人物面部层次过渡平滑，并且比较丰富，如图 5-37 所示。

图 5-37

灯具越多，布光的方法也会越丰富。采用三灯的配置，可以让画面呈现出多样化的效果。下面展示的这种布光方法。实际上是主灯全开，辅助灯降低一半亮度，将第三盏灯放在人物后方作为轮廓灯使用，如图 5-38 所示。

图 5-38

第6章

光绘与创意照明

静态光源

首先来看静态光源。所谓静态光源，是指在拍摄时让光源处于静态进行拍摄的一种创意用光方法。常用的静态光源包括手机、手电筒、马灯、帐篷等，这里比较特殊的是帐篷，因为帐篷自身并不发光，但是在帐篷内放置光源之后，帐篷就形成了一个非常柔和、面积非常大的光源，并且色彩感很强。后续我们将对这些光源的使用场景及特点进行介绍。

◇ 手机

手机作为光源，它的使用范围还是比较广泛的。无论是城市风光还是自然界中的弱光摄影，使用手机作为点光源可以丰富画面的内容层次及影调层次。一般来说，手机光源所在的位置就是人物所在的主体位置。借助手机光源，可以对人物进行强化。

如图 6-1 所示的这张照片中，手机作为光源出现时有比较明显的特点。因为手机内置的手电筒光源强度非常强，但是面积非常小，使用较大的光圈进行拍摄，也能够拍摄出一定的星芒。所以在星空摄影时，人物举起手机进行拍摄，仿佛从天空中摘下了一颗星星，这种画面是非常有意境的，并且让地面有了一个落脚点，这些落脚点使得画面的秩序感很强，并且使整体显得非常紧凑和协调。

图 6-1

◇ 手电筒

手电筒的使用场景相对较少，主要应用在星空摄影中，而且对手电筒本身的要求也比较高，手电筒的聚光性要好，如果聚光性不够理想，那么光速发散过快，就会是一片白茫茫的痕迹，显示不出手电筒照射的线条。

图6-2

实际上不只是手电筒，我们夜晚在室外时使用的头灯，如果汇聚性比较强，也可以作为创意光源来使用，如图 6-2 所示。

在如图 6-2 所示的这张照片中，可以看到人物与天空中的一些星体借助头灯（图 6-3）的汇聚性光源，让天空与地景紧密地结合起来，使画面结构显得更加紧凑，并且更有故事感，仿佛人物在照射天空中的某一种天体。当然，因为拍摄这种弱光，星空曝光时间一般会达到 15~30 秒，在拍摄时强光手电筒的亮度非常高，所以能拍摄出亮度比较合理的灯光轨迹。在大部分情况下，让手电筒或者头灯持续亮 2~3 秒钟关掉即可，如果亮的时间过长，光线轨迹有可能会过曝，并且光线四周会有灯光的散射，导致四周亮度变高，画面就不太好看了。

图 6-3

⟨⟩ 帐篷

　　之前说过帐篷自身没有照明功能，当然不排除有一些帐篷在购买时会附带内部的照明灯。但无论如何，我们在室外拍摄星空时，用帐篷作为地景都是非常好的选择。当然，要选择暖色调的帐篷，一般是以橙色、红色居多。在这种帐篷内放一盏马灯，远处拍摄时，帐篷就会作为地面的视觉中心出现在画面中，避免画面变得单调或者效果不够理想。这里需要注意的是，在帐篷内放置马灯作为光源出现时，通常需要对马灯进行一定的遮挡，比如在马灯外侧遮挡柔光布或是纸巾等，如果不进行遮挡，那么远处拍摄时，帐篷可能会产生亮度非常高的光斑，长时间曝光之后会导致帐篷某些局部曝光过度。而在拍摄时，我们不可能随时控制帐篷灯光的明暗，只让帐篷里的灯光持续三五秒钟（能够遥控的灯光除外），所以在大多数情况下，正确的拍摄方式是提前将帐篷内的灯光亮度降低，这样即便拍摄 30 秒之后，也可以确保帐篷不会曝光过度。

图 6-4

⬦ 马灯

在帐篷内使用马灯可以让帐篷变为一个整体光源，除此以外还可以单独使用马灯，如图 6-5 所示。马灯的亮度是可以调节的，并且在电商平台上就可以购买，价格也不贵。在野外拍摄弱光场景时，借助马灯可以对前景进行补光。另外，还可以在树木、岩石、洞穴等位置放置马灯，产生一定的照明效果。冷色调的夜景与暖色调的马灯会形成一种冷暖色调对比，并且马灯会形成一个视觉中心，让欣赏者有一个视觉落脚点，为画面增加影调层次和色彩层次，使画面的表现力更好，如图 6-6 所示。

图 6-5

图 6-6

◇ 钢丝棉

钢丝棉是一种可以燃烧的压缩物，在燃料中混入一些金属丝，当其遇到高温时，这些金属丝会发热、发光，甩动起来之后，金属丝划过的轨迹会被记录下来，产生漂亮的效果。一般来说，为了避免烧伤，我们在购买时往往要多准备一些辅助器具，如甩动的链条、甩动用的手套及夹子，甚至护目镜等；另外还可以准备一件不再穿的旧衣服，在甩动时提前穿上这件衣服，可以避免自己日常穿的新衣服被烧出窟窿，如图 6-7 所示。

钢丝棉 ×5 卷

铁链 + 铁夹 + 棉手套 + 护目镜 + 钢丝棉 5 卷

 棉手套 ×1 双　　 铁夹 ×1 个

铁链 ×1 条　　护目镜 ×1 副

图 6-7

图 6-8

　　具体拍摄时其实非常简单，只要在天色没有完全黑下来时选择一个开阔的场地，点燃钢丝棉后进行甩动就可以了。甩出的铁花划过的距离就是钢丝轨迹的长度，甩动的幅度越大轨迹越长，如图 6-8 所示。就目前来看，钢丝棉是近年来最先普及的一种创意光绘效果，并且它的玩法也比较简单，没有太多技术含量。当然，最终的表现力也谈不上太理想，毕竟这只是一个简单的甩动效果而已。

◇ 串灯

下面将要介绍的拍摄方法是使用串灯，如图 6-9 所示。在室外拍摄时，我们可以对一些串灯进行改造，从而转动绘制出一定的效果，最终让画面变得富有创意。

图 6-9

在如图 6-10 所示的这张照片中，实际上就是用串灯将三四个小灯放在链条的顶端，将链条下方的一些灯用黑胶带粘住，不让其发光。拿着链条灯不亮的一端进行甩动，最终甩出了一个球状，当然这种甩动的方法和技巧要看个人的操作，并且在拍摄时，曝光时间要根据完成甩灯的动作用时来定。比如甩灯表演者将串灯甩出圆球需要 15 秒，那么曝光时间就不能短于 15 秒，否则光球就会有缺口，画面效果就不够理想。只要确定了曝光时间，想要拍摄这样的照片并不会太难，另外还要注意的是，拍摄这类照片追求的是地面的光球与天空的银河形成一种呼应关系，但如果我们不追求银河效果，那么也应该在天色刚暗下来的蓝调时刻进行光绘制作，这样整个画面呈现出的细节会更多。

图 6-10

◇ 光绘棒

这里要介绍的光绘棒（图6-11）与大家理解的光绘棒有所出入，我们所介绍的这种光绘棒可以绘制出图案，而非简单的带有手柄的LED灯。具体来说，光绘棒的手柄上有一些按键以及一块液晶屏，通过按键可以选择绘制的图像，并且能够在与光绘棒相连的手机App中进行观察。具体操作是选好编号之后，在光绘棒内根据编号选择图像，这样可以从手机上选择我们想要的图像，再在光绘棒上进行操作。

在具体操作时，让光绘棒面向相机拍摄的方向，然后在几秒钟内由上到下或是由下到上让光绘棒划过一定的痕迹，就可以绘制出

图6-11

一些特定的图案，这种图案大多以美女、幽灵或是鬼怪等居多，当然也可以绘制出其他图案。比较有意思的是，不同的绘制速度以及高度可以绘制出大小不同的图案，如果我们可以进行持续的连拍，就可以用同一个光绘棒拍摄出很多大小、方向、动作等全部相同的光绘形象。最后只要采用最大值堆栈就可以将这些较亮的形象堆栈在一张照片里，并且毫无合成的痕迹。

如图6-12所示的这张照片就是北京昌平的一个工厂废墟里拍摄的"光绘幽灵"。

图6-12

　　图 6-13 至图 6-16 展示的是使用同样的光绘棒所能绘制出的其他图案，例如骷髅、恶魔的翅膀、星球等图案。由于光绘棒的性能比较出众，功能也比较多，所以价格稍高，通常在几百元左右。要注意的是，这种光绘棒的质量并不算特别理想，如果使用不当，可能会出现按键失灵等问题。

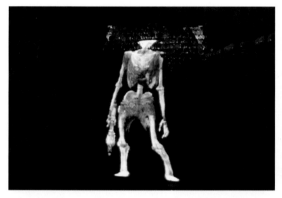

图 6-13

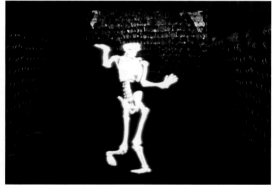

图 6-14

图 6-15

图 6-16

　　在如图 6-17 所示的这张照片中，展示的是两种光绘棒，人物翅膀使用的是可以绘制图案的光绘棒所绘制的效果，而人物手持的则是简单的灯光棒，能够呈现出光剑的效果，类似于星球大战中人物所持的光剑。人物所戴的面具在嘴巴、眼睛等位置都设有 LED 灯，营造出了不同的效果。

图 6-17

在如图 6-18 所示的这张照片中，使用的简易光绘棒价格就非常低，可能只有十几元甚至几元左右，并且有非常多的颜色可供选择。

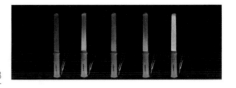

图 6-18

✧ 拉车轨

本章的最后介绍一下拉车轨，我们所说的拉车轨并不是像如图 6-19 所示的这张照片中的在城市中俯拍街道的车流，这类照片只需要使用几秒到几十秒的快门速度俯拍街道就可以得到。而这里我们要介绍的拉车轨是指在山间公路进行拉车轨，最终营造出非常迷人、漂亮的画面效果。

图 6-19

观察如图 6-20 所示的这张照片，这种车轨就与夜景的星空、山景等融为一体。既有人工光源之美，又有山野自然之美。当然，要制作这种车轨的效果，要提前寻找绕行比较优美的山路，蜿蜒的幅度比较大且没有遮挡，最后架好相机进行持续的连拍。摄影师自己或与同伴开车在山间公路上来回开几圈，开车时速度不宜太快，也不能总是变换车道，否则车轨会比较弯曲。保持匀速来回 2~3 次，就能得到比较好的车轨效果。

如图 6-20 所示的这张照片拍摄于北京西郊的虹井路，画面效果是比较漂亮的。当然，想要拍摄出这种画面效果，要注意在正式拍摄之前先选择视角，固定好机位之后要长曝或者提前拍摄一张亮度较高的画面，确保大部分地景有充足的曝光量。这样做的原因是，随着时间不断往后推移，天色越来越暗，照片中可能只有车轨，没有地面细节；拍摄这种车轨的场景比较适合在蓝调时刻进行拍摄，也就是在日落之后很短的 10~20 分钟之内完成，但是如果山路比较长，拉车轨耗时超过 20 分钟，那么最后拉出的车轨照片中往往只有光的轨迹而没有周边的细节，所以提前拍摄一张包含天空与地景有充足曝光量的照片就非常重要。

图 6-20

如图 6-21 所示，我们可以看到第一张照片和第二张照片的曝光指数整体非常高，让画面呈现出了丰富的地景和天空细节，最终进行堆栈合成时，可以看出画面整体的亮度比较合理，各部分的细节也比较完整。

图 6-21

后期影调修饰与优化

  本章介绍摄影后期对摄影用光的影响。后期处理摄影用光主要包括以下几个方面：一是对画面光影的重塑，根据光线透视理论重新打造光影；二是对画面中比较杂乱的光线位置进行局部的调修和优化，让画面整体变得更加干净、简洁；三是借助软件的滤镜打造特殊的画面光效。最后我们还将介绍在弱光摄影中，对星空画面进行缩星处理等技巧。本章的内容比较丰富，但是涉及的都是比较实用的后期技巧。

7.1　白色与黑色校正，改善通透度

通过矫正画面的白色和黑色，强化画面的反差和对比，可以让画面变得更加通透。本书中曾介绍过画面的光感来自对比，而对比可以改变画面的通透度。如果画面不够通透，朦胧感太强，通常都是对比不够导致的。想要调整画面的对比度，并不是简单地提高画面的对比度参数值就可以了，如果只调整画面的对比度，那么可能会导致亮部出现高光、暗部变得死黑的问题，反差太大还会导致画面变乱。所以，光比的调整和优化是一项综合工程。

下面我们就将通过一个具体的案例来介绍如何通过优化画面的光比改善画面的通透度。具体操作是矫正画面的白色和黑色，实现对比度的整体变化，最终来改善画面的通透度。原始照片，如图 7-1 所示，画面整体显得非常朦胧、柔和，具有梦幻的美感。但如果仔细分析这张照片，会发现画面缺乏耐看度，因为画面不够通透，过于朦胧，给人有些闷的感觉。

图 7-1

经过后期调整，如图 7-2 所示，可以看到画面依然保留了轻柔梦幻的风格，但是画面变得更加通透，让人感觉更加舒适。

图 7-2

下面来看具体的后期处理过程，因为拍摄的是 RAW 格式的源文件，所以在 Photoshop 中打开这张照片之后，照片会自动载入 ACR 界面。

打开的 ACR 界面如图 7-3 所示，这个界面可能会与你所使用的 ACR 界面不同，这是因为我们当前使用的是新版本的 ACR，版本号为 Camera 12.3。

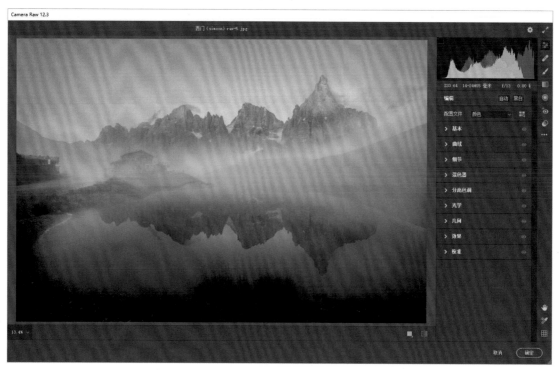

图 7-3

接下来我们直接切换到基本面板，因为之前我们已经对这张照片进行过基本的全方位的处理，只是通透度有所欠缺，所以只对照片的通透度进行强化即可。要想让照片变得更加通透，一般来说，我们要将白色加白，让它变得更亮；黑色加黑，让它变得更暗，这样相当于增加画面的反差。

白色要达到的程度：让最亮的像素达到 255 级，亮度变为纯白，但是又不能有大量像素变为纯白，否则高光会溢出。在基本面板中提高白色的值，此时要注意观察直方图，要让单色的直方图波形右侧触及右侧边线，但是上方的三角警告标记除了不能变白，变为其他颜色都可以。比如当前变成了蓝色，只表示画面中最亮的部分损失了蓝色像素信息，但依然有其他的色彩信息，比如绿色、红色、阳红等色彩依然存在。那么这表明最亮的部分没有完全的高光溢出。如果单色的直方图波形触及右侧边线，导致三角警告标志变白，就要稍微回拖白色滑块，确保不会出现严重的高光溢出。对于暗部的调整也是如此，向左拖动黑色滑块，让波形的左端触及左侧的边线，但是上方的三角标记同样不能变白，如图 7-4 所示。

图 7-4

　　将白色与黑色调到最合理的程度之后，可以发现画面的反差变高，对比度变强，整体变得更加通透，但是此时依然会存在新的问题，也就是高光部分有些过曝，暗部有些过暗，导致画面中的亮部和暗部层次不是特别清晰，遇到这种情况时，通常要降低高光的值，恢复亮部的层次，提高阴影的值，恢复暗部的层次，调整之后直接单击"确定"按钮，这样可以返回到 Photoshop 主界面中，如图 7-5 所示。

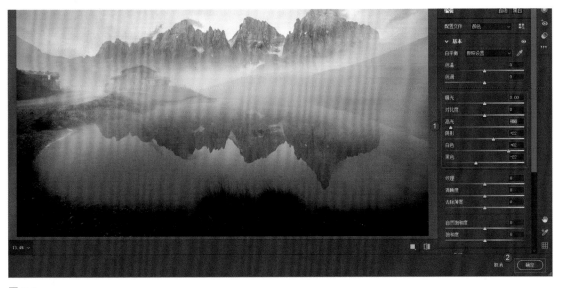

图 7-5

观察照片之后，我们发现山下方的薄雾亮度有些过高，显得比较耀眼，因此我们要降低这部分的亮度。对于亮度过高导致的水面不够均匀、比较脏的问题，也需要调整。

单击点开图层面板下方的"创建新的填充或调整图层"按钮，在弹出的菜单中选择"曲线"命令，这样可以打开曲线调整面板，并创建一个曲线调整图层。在曲线上单击创建一个锚点，向下拖动曲线，可以看到此时的画面整体变暗，如图 7-6 所示。

图 7-6

接下来要讲一个知识点：创建白色的曲线蒙版，此时白色的曲线蒙版会显示调整的效果，可以看到照片画面被压暗，按键盘上的"Ctrl+I"组合键，这样可以将白色蒙版进行反向，白色蒙版变为黑色蒙版。黑色蒙版的作用是遮挡调整效果，也就是将压暗的效果遮挡隐藏起来了，如图 7-7 所示。

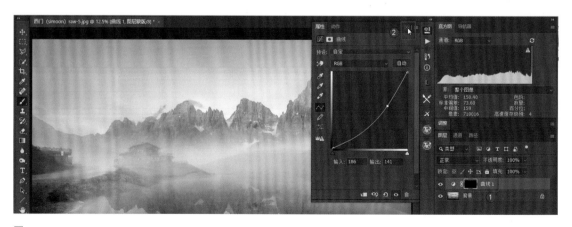

图 7-7

　　将曲线调整面板折叠起来，然后单击选中"黑色蒙版"图标，在工具栏中选择"画笔工具"，将前景色设为"白色"，适当地调整画笔的直径，然后将画笔的不透明度降到"13%"（13% 是笔者个人比较喜欢使用的数值），然后缩小画笔直径，对薄雾部分进行擦拭，经过擦拭之后，会发现擦拭的位置会变白，因为我们用的是白色画笔，这部分变白之后就显示出了之前压暗的效果，因为白色蒙版是显示调整效果的。可以看到，经过这种擦拭，薄雾部分变暗了，如图 7-8 所示。

图 7-8

　　在亮度过高的水面上轻轻擦拭，让这些区域与周边区域的明暗更加相近。因为这种擦拭不算特别均匀，因此我们双击蒙版图标，打开蒙版属性面板，提高蒙版的羽化值，羽化擦拭的效果，这样可以让擦拭与未擦拭部分的过渡更加自然、平滑，如图 7-9 所示。

图 7-9

经过这样的调整之后，我们就确保了天空最亮的部分足够亮，而近景的一些暗部足够暗，中间的像一些云雾朦胧的部分，亮度也比较适中，画面的效果就比较理想了，足够通透且保持了朦胧神秘的效果。

图 7-10

调整完成之后，我们可以拼合图层，最后输出照片，但是输出照片之前要进行参数的设置，包括要将之前我们设定的"16 位 / 通道"改为"8 位 / 通道"（图 7-10），因为 jpg 格式支持 8 位色深度，所以改为 8 位。然后单击"编辑"菜单，在弹出的菜单中选择"转换为配置文件"命令，在打开的对话框中将图片的配置文件改为 sRGB，然后单击"确定"按钮，再将照片保存为 jpg 格式，这样我们就完成了整个影调重塑的过程，如图 7-11 所示。

图 7-11

7.2　合理的高光柔化

如果我们拍摄的照片是明显的直射光，并且光源部分的亮度比较高，那么在后期调整时，对高光部分增加一定的柔化，可以让画面的光感更强烈，高光部分会给人一种梦幻的美感，并且这种光感效果也比较真实、有质感。

如图 7-12 所示的原始照片拍摄的是雨后故宫的场景，调整时对高光部分进行了提亮，增加了一定的柔化。如图 7-13 所示，可以看到高光部分的光感更强，画面整体显得更加干净，并且画面整体的效果更加油润。

图 7-12

图 7-13

对高光部分进行柔化的后期处理过程其实非常简单，下面来看具体的操作过程。

首先将这张照片拖入 Photoshop 中，照片会自动在 ACR 界面中打开，因为我们之前已经在 Photoshop 的首选项中进行过设定，设定 Photoshop 中可以打开所有支持的 jpg 格式文件，打开之后进入基本面板，如图 7-14 所示。

图 7-14

直接单击"自动"按钮，这样会有软件自动对画面的影调层次进行一些优化，比如追回阴影部分的一些层次细节，降低高光部分，避免高光部分层次不够明确。然后我们再手动进行一定的微调，就让照片整体的影调层次变得更加理想，如图 7-15 所示。

图 7-15

　　当然，进行自动调整时，饱和度也会变高，所以要稍微降低饱和度，将其恢复到默认的初始值，然后单击"打开"按钮，将照片载入 Photoshop 之后，我们直接按住键盘上的"Ctrl+Alt+2"组合键，选中照片中高光部分，可以看到此时的照片中已经出现高光部分的选区，这时候按住键盘上的"Ctrl+J"组合键就可以将高光部分提取出来，如图 7-16 所示。

　　我们提取出了高光部分，并保存为一个单独的图层之后，单击"滤镜"菜单，在弹出的菜单中选择"模糊"命令，选择高斯模糊命令，对我们提取的高光部分进行一定的高斯模糊，当然模糊的幅度可以稍大一些，这里我们设定了模糊的半径值为 58，效果还是比较明显的，如图 7-17 所示。

图 7-16

图 7-17

　　单击"确定"按钮，返回之后我们就可以发现，经过非高斯模糊的处理之后，画面就会变得比较朦胧，如图 7-18 所示。

图 7-18

　　当然，这种朦胧亮度稍有些暗，因此我们要创建一个曲线调整图层，并向上拖动曲线提亮高斯模糊的图层，但直接创建之后可以发现影响到的是画面整体的效果，此时在曲线面板底部，单击"剪切到图层"按钮，这样就可以确保曲线的提亮调整只针对模糊的图层，然后将调整面板折叠起来，如图 7-19 所示。

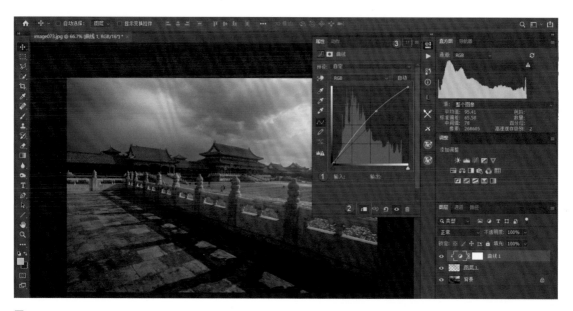

图 7-19

　　由于朦胧的程度比较高，导致画面有些失真，所以单击选中"图层"，降低这个图层的不透明度，这样模糊的效果会变弱一些，画面整体上看起来又比较自然，最后合并图层，保存照片即可，如图 7-20 所示。

图 7-20

7.3　借助亮度蒙版让凌乱的画面变干净

本书的第一章中笔者曾介绍过，通过一些局部的调整，可以让画面整体变得更加干净，更有秩序感。当时的案例是设定望远镜与彗星，左侧有一定的光污染，所以后期对光污染部分进行了压暗。下面介绍的案例与之前介绍的案例有些相似，通过对画面中一些局部不够干净的位置进行局部的调整，让画面整体变得更加干净，更有秩序感。

观察如图 7-21 所示的这张照片，这张原始照片看起来与效果图（图 7-22）并没有太大差别，

但如果仔细观察，就会发现近处原本比较亮的位置被压暗（特别是亮灯的房子周边的路面），压暗之后与草地的颜色的明暗度更加相近，那么房子周边就会显得更加干净。这种调整看似不是特别明显，但如果我们进行过这样的调整，最终照片画面就会更加耐看、干净，有秩序感。

图 7-21

图 7-22

　　下面来看具体的处理过程，首先将照片在 Photoshop 中打开，然后切换到基本面板，单击"自动"按钮，这样软件会自动对画面的影调进行一定的优化，如图 7-23 所示。

图 7-23

　　接下来切换到细节面板，对照片进行降噪处理。因为软件在打开之后会默认对照片进行锐化处理，所以要将锐化参数、锐化半径和细节、蒙版的值都降到最低，然后适当地提高减少杂色的值，这样就完成了照片的降噪。然后单击"打开"按钮，这样可以将照片在 Photoshop 中打开，如图 7-24 所示。

图 7-24

　　打开之后，接下来就要通过特殊的工具来选择这些路面并进行压暗，单击"选择"菜单，选择"色彩范围"命令，弹出色彩范围对话框，在其中设定选择使用的工具是取样颜色，然后将鼠标指针移动到与路面明暗相间的位置（包括右侧的岩石），或者直接选中路面等，如图 7-25 所示。

图 7-25

　　选中路面之后，从色彩范围面板中间的预览框中，可以看到我们要选择的位置是白色的，没有选择的位置是黑色的。通过点选不同的位置，确保更多的路面和岩石被选中，并且这些部分变为白色。如果效果还是不够理想，那么还可以通过移动颜色容差值，让我们选择区域尽量准确，然后单击"确定"按钮，就可以建立选区了，如图 7-26 所示。

图 7-26

建立选区之后，我们就会发现出现了新的问题，虽然近处的岩石和路面被选择出来了，但是远处的山体以及天空中的一些云层也被选择出来了，这没有关系，后续我们可以将这些部分排除掉。这时我们可以创建曲线调整图层进行压暗处理，可以看到我们选中的部分就被压暗了，包括天空、远处的山体等，如图 7-27 所示。

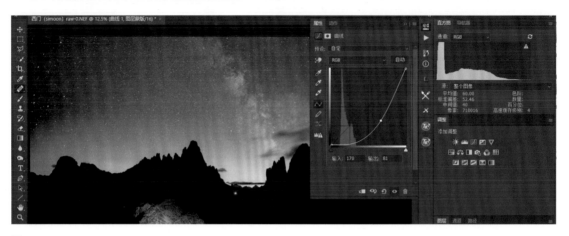

图 7-27

在工具栏中选择"渐变工具"，设定前景色为"黑色"，背景色为"白色"，设定从黑到透明的渐变，设定线性渐变，然后在远处进行拖动擦拭，将山体及天空部分擦拭出来。因为这些地方变黑之后，它就遮挡住了我们的压暗效果，露出了原来的亮度。通过这样多次的渐变制作，能够确保只有近处的路面以及岩石等被压暗了，而远处不受影响，如图 7-28 所示。

图 7-28

最后双击图层蒙版图标。在打开的蒙版属性面板中适当地提高羽化值，对压暗的部分进行一定的羽化，让压暗效果更加自然。此时我们已经完成局部的调整，因为建立了选区，所以这样的调整会非常完整，如图 7-29 所示。

图 7-29

实际上，我们也可以不建立选区，直接创建曲线调整图层进行压暗，然后将白模板转为黑模板遮挡起来，再用画笔降低不透明度，将需要压暗的一些路面及岩石进行擦拭将其变暗，这也是可以的。当然，这样操作可能就没有先建立选区那样精确。

7.4　影调重塑

下面再来看摄影用光后期处理非常重要的一个知识点——画面影调的重塑。所谓画面影调重塑，与我们之前介绍的一个知识点内容基本重合，即根据光源的投射透视方向进行修片。只要根据光源的透视方向对照片局部的明暗进行合理的调修，那么画面整体就会显得非常紧凑，并且非常干净，整体性更强。

在如图 7-30 所示的这张照片中，我们可以看到整个山区在朦胧的晨雾萦绕下显得非常梦幻、恬静，但画面整体有些散乱、不耐看，重点也不够突出。在后期调整时，我们就根据光源的方向，强化了局部的光感，模拟出了光线投射的方向，制作了光线投射的光路。这样就将地景与光源的方向结合了起来，让画面的整体结构显得更加紧凑，影调层次和色彩层次也变得更加丰富，如图 7-31 所示。实际上这种调整非常简单，但效果却非常明显，重点在于修片的思路。

图 7-30

图 7-31

下面我们就通过这个案例来介绍这种光影重塑的技巧和思路。首先我们将这张照片在 Photoshop 中打开，如图 7-32 所示。

图 7-32

然后在工具栏中选择"污点修复画笔工具"，将照片边缘一些不够完整并且分散注意力的问题给消除，比如右下角的房子或左下角的草地等，将其修掉会让画面显得更加干净，如图 7-33 所示。

图 7-33

按住键盘上的"Shift+Ctrl+A"组合键进入 Camera Raw 滤镜，当然也可以单击"滤镜"菜单，选择"Camera Raw 滤镜"命令进入滤镜界面。进入之后，我们要制作光线，使其投射到地面上的受光区域。 从这张图上来分析，可以观察到光源很明显位于画面的左上方，右侧有山的遮挡，所以投射的位置肯定是在画面中间的草坪上，如图 7-34 所示。

图 7-34

选择镜像滤镜，在中间的草地上创建一片渐变的区域，通过拖动边线可以旋转角度和渐变区域的大小，确定好大小区域之后，在参数面板中提高色温值，让受光的区域变暖，之前我们已经多次介绍过受光线照射的部分或高光部分是暖色调，背光的阴影部分是冷色调。而当前画面大部分是冷色调，所以受光线照射的部分应该是暖色调。这时就要提高色温值，让这部分变暖、变亮，如图 7-35 所示。

图 7-35

接下来，我们再在画面左上方由光线光源位置向右下制作一个径向渐变，模拟出来光线投射的一个路径。至于参数的调整，同样是提高曝光值和色温值。那么为了避免左上角出现高光溢出，所以我们降低了曝光值和高光值，让亮部呈现出更多的层次。另外，根据之前我们所介绍的高光部分增加一点朦胧和柔光，会让光线的质感更好一些，让画面更油润，因此我们稍降低了清晰度的值，以及去除薄雾的值，让高光部分显得光感更强烈一些，这样我们就模拟出了光线投射的路径，如图 7-36 所示。

图 7-36

对于地面射光的部分，我们还可以鼠标单击激活中间的标记点，在对边缘影响的区域内进行一定的调整，如图 7-37 所示。

图 7-37

调整完毕之后，我们回到基本面板，再对画面整体的影调层次和细节进行一定的微调，让画面整体性显得更好一些，如图 7-38 所示。

图 7-38

接下来我们切换到曲线面板，在其中创建一条轻微的 s 形曲线，这样就可以让画面显得更加通透，因为它的反差变大了。曲线右上方向上拖动表示提亮了高部，左下方相当于压暗了暗部，反差更大，照片会变得更加通透，这样照片就调整完成了。可以看到光感是很强的，最后单击"确定"按钮返回，再将照片保存就可以了，如图 7-39 所示。

图 7-39

下面我们介绍借助 Photoshop 中的滤镜来制作一些特殊的光感效果。

7.5　自然光效：光雾小清新

我们来看第一个案例，这是人像摄影中经常使用的一种技巧，是模拟太阳光线的照射，制作一种光雾的效果。这在一般的小清新人像摄影中经常使用。如图7-40所示的原始照片，很明显太阳光线从右侧照射，但是光感并不强烈，后期我们添加了一个光源的效果，可以看到产生了光雾的效果，画面的色彩及影调层次都发生了较大变化，如图7-41所示。

图 7-40

图 7-41

接下来看具体的处理过程，首先在 Photoshop 中打开原始照片，然后按住"Ctrl+J"组合键复制一个图层出来，如图7-42所示。

选中上方新复制的图层，单击"编辑"菜单，选择"填充"命令，弹出填充对话框，在其中填充的内容我们选择黑色，然后单击"确定"按钮，这样就将上方的图层变为了一个黑色的图层，如图 7-43 所示。

图 7-42　　　　　　　　　　　　　　　图 7-43

接下来右击上方的图层，在打开的快捷菜单中，选择"转换为智能对象"命令，这样我们就将上方的黑色图层转换成了智能对象，如图 7-44 所示。

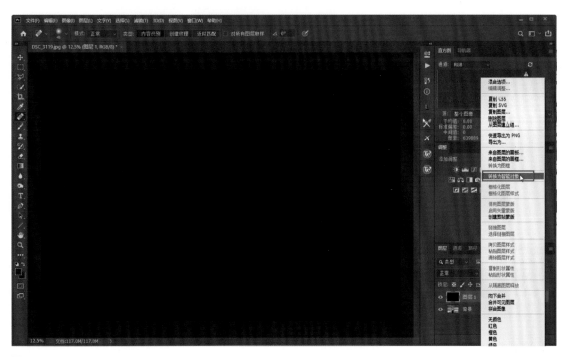

图 7-44

至于为什么要转化为智能对象，主要是为后续添加滤镜效果做准备。转为智能滤镜添加效果之后，我们就可以随意改变效果的位置，它不会与智能对象图层混合在一起。如果我们不转化为智能对象，那么后续添加效果之后，添加的效果就会融合到图层上，就没有办法只改变光晕的位置，而不改变黑色图层的位置。所以我们必须先提前将图层转化为智能对象，然后单击"滤镜"菜单，选择"渲染"中的"镜头光晕"命令，如图 7-45 所示。

在弹出的对话框中设定某一种镜头类型，一般来说拍摄人像大多是 50~300 毫米这个范围，所以我们选择 50~300 毫米变焦，然后按住鼠标左键对光晕的位置进行拖动，将其放在光源应有的位置上，一般来说要放在光源投射的位置，这张照片中光源从右侧向左下方投射，那么光源我们就应该放到照片的右上方，如图 7-46 所示。

图 7-45

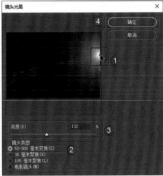

图 7-46

最后调整光源的亮度，可以将亮度适当提高，一般提高到 100~150 这个范围时比较合适，然后单击"确定"按钮，返回图层面板，在其中将图层混合模式改为"滤色"，可以看到画面添加了一个镜头光晕的效果。但经过观察，我们会发现此时会有新的问题出现，即光源的位置有些偏低，如图 7-47 所示。

图 7-47

　　这时我们就可以在图层面板中双击镜头光晕，然后再次打开镜头光晕，拖动改变光源的位置，单击"确定"按钮，这样就改变了镜头光晕的位置，将其放在了合理的位置上，如图 7-48 所示。

图 7-48

　　创建一个色相饱和度调整图层，首先要从单机面板底部剪切到图层，确保色彩饱和度调整只是针对这个镜头光晕的光源，而不调整画面整体的效果，背景的人物等是不会发生变化的。然后选中"着色"选项，就相当于我们要为光源部分渲染一定的色彩，而不是只调整它原有的色彩。最后将色相值放到红黄相间的位置上，因为大多数暖色调是颜色，所以可以适当地提高饱和度的值和明度的值，如图 7-49 所示。

图 7-49

值得注意的是，明度的值越高，光雾的效果就越明显。调整完毕之后，我们就可以看到此时的光雾效果非常明显，但我们会发现这个光源四周产生了明显的圆圈，如图 7-50 所示。

图 7-50

这是 50~300 毫米变焦产生的效果，这样的画面看起来不是特别自然，因此我们可以再次双击镜头光晕，打开镜头光晕面板在其中改变镜头类型，这里我们选择 105 毫米聚焦，如图 7-51 所示。

图 7-51

此时可以看到它是一个比较纯粹的光雾效果，而没有一些特定的光源造型，适当改变亮度，让光雾效果变得更加强烈。最后单击"确定"按钮，返回之后可以看到光雾效果非常强烈，并且画面整体看起来比较自然，如图 7-52 所示。

图 7-52

当然，此时的光雾效果有点强，画面显得有点朦胧，这时我们可以单击选中上方的色相饱和度调整图层，适当降低这个图层的不透明度，让光雾效果变得轻一些，如图 7-53 所示。

图 7-53

最后再创建一个色阶调整图层，向右拖动黑色滑块，相当于压暗原有照片的暗部，让它足够黑，使画面的反差变人，通透度得到提升。这样我们就制作好了光雾小清新效果，最后合并图层，再将照片保存就可以了，如图 7-54 所示。

图 7-54

7.6　自然光效：打造丁达尔光效

我们再看另外一种光效，即打造丁达尔光效，也称为耶稣光。耶稣光是指光源透过遮挡物，在遮挡物边缘形成的光线路径。

想要产生强烈的丁达尔光，要在早春地面湿气比较重时拍摄，空气中的水珠会将光线的路径照射得特别明显。另外，因为此时的太阳与地面的夹角比较小，更容易受到树木枝叶的遮挡，从而产生强烈的丁达尔光效果，如图 7-55 所示。

图 7-55

　　这张照片我们制作的就是阳光透过树冠之后产生的效果，可以看到通过制作这种丁达尔光，使画面出现了梦幻一般的美感，效果还是比较强烈的，如图 7-56 所示。

图 7-56

　　首先我们将照片在 Photoshop 中打开，自动载入 ACR 界面，对画面进行初步的调整，主要是提炼了一些暗部，让暗部呈现出更多细节，当然要适当地压暗黑色，让黑色足够黑，如图 7-57 所示。

图 7-57

初步调整之后，单击"打开"按钮将照片在 Photoshop 中打开，弹出色彩范围对话框，使用取样颜色。照片中地面上我们选中受光线照射的部分，不要选中阴影部分，如图 7-58 所示。

图 7-58

通过多次改变取样位置，我们要尽量把地面受光线照射的部分全部选择出来，在色彩范围对画框中可以看到地面受光线照射的部分是白色的，选择的区域如果不够理想，还可以调整色彩范围对话框中的颜色容差值，让选择的区域更加准确。调整好之后，单击"确定"按钮返回，如图 7-59 所示。

这样就可以看到地面受光线照射的部分生成选区，然后按住键盘上的"Ctrl+J"组合键，将选择的受光线照射部分提取出来，保存为一个单独的图层，如图 7-60 所示。

图 7-59

图 7-60

单击"图像"菜单，选择"调整"中的"曲线"命令，弹出曲线对话框，向上拖动曲线，将我们提取的图层亮度大幅提高，然后单击"确定"按钮返回。单击"滤镜"菜单，选择"模糊"中的"径向模糊"命令，弹出径向模糊对话框，在其中我们选择缩放这种模糊的方式，这与制作曝光中途变焦效果是完全相同的，如图 7-61 所示。

图 7-61

选择缩放之后，鼠标放在右下方中心模糊的中点及十字的中点上，拖动改变中心的位置，这种改变要根据画面中的光源位置进行拖动，尽量让中心位置位于光线光源位置上。如果两者相差太远，那么效果不会自然，确定中心位置之后，在数量中拖动滑块，提高数量值，这表示要改变模糊线的长度，稍长一些即可，如果模糊的数量值过大，可能模糊会变得比较轻，调整好之后单击"确定"按钮。这样我们就可以看到丁达尔光这种效果，如图 7-62 所示。

图 7-62

接下来创建一个图层蒙版，如图 7-63 所示。

图 7-63

　　然后选择黑色画笔，设定前景色为"黑色"，将不透明度提到最高。然后在照片中地面的阴影部分进行擦拭处理。因为这些部分是不应该有顶点光照射到的，必须得擦掉画面才会显得自然。通过这种调整，我们的光效就变得比较理想了，如图 7-64 所示。

图 7-64

接下来右击图层蒙版，在弹出的菜单中选择"应用图层蒙版"命令，将这个图层蒙版效果应用到图层。此时我们的丁达尔光有些位置光线很紧，比较生硬，如图 7-65 所示。

图 7-65

单击"滤镜"菜单，选择"高斯模糊"命令，弹出高斯模糊对话框，适当地对径向模糊的图层进行一定的高斯模糊处理，丁达尔光会显得更加柔和，之后单击"确定"按钮，就完成了它的后期处理，最后再将照片保存就可以了，如图 7-66 所示。

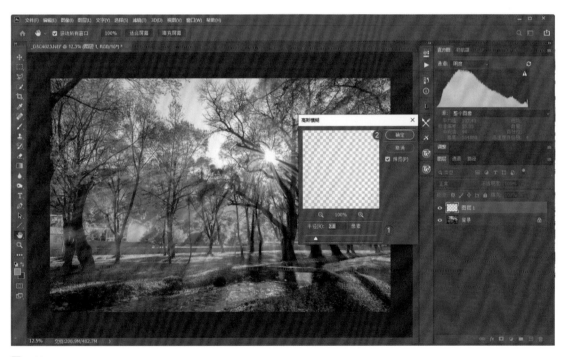

图 7-66

7.1 用时间切片展示日夜转换的光影与色彩变化

下面来介绍如何用时间切片在一张照片中表现日夜转换的光影和色彩变化。想要得到时间切片的效果，需要在拍摄时进行间隔的拍摄。比如我们可以间隔 3 分钟或 5 分钟拍摄一张照片，当然这种拍摄是固定拍摄视角，在太阳落山前后进行持续的拍摄。日落之前开始拍摄，5 分钟之后继续拍摄，整个日落过程前后持续可能有半个小时，那么我们就间隔 3 分钟或 5 分钟记录下来不同的光线和色彩变化瞬间，最后通过时间切片的方法，将这些照片效果压缩到一个照片画面中，就呈现出时间切片的光影变化和色彩变化。

下面我们通过具体的案例来分析，不过在这个案例中，我们拍摄的时间长度不够，总共只有 7 张照片，持续的时间大约有 10 分钟，但是已经呈现出这种时间切片的效果，可以看到照片从左至右呈现出一种明暗和色彩的变化，如图 7-67 所示。

图 7-67

下面来看具体的处理过程，首先将原始照片在 Photoshop 中打开，自动载入 ACR 界面，如图 7-68 所示。

图 7-68

右击左侧胶片窗格中的某一张照片，选择"全选"命令，选中所有照片，如图 7-69 所示。

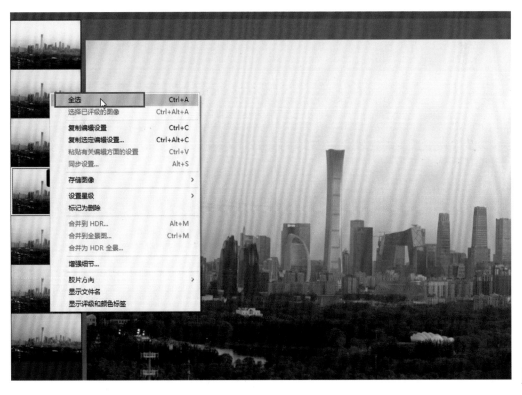

图 7-69

　　在右侧的面板中单击点开光学面板，勾选删除色差和启用配置文件校正，这两个复选项如果无法识别拍摄所使用的镜头，那么就需要手动选择我们使用的镜头品牌和型号，完成镜头的校正，如图 7-70 所示。

图 7-70

　　接下来回到基本面板中，对画面的影调层次进行轻微的优化，主要包括曝光值、对比度以及高光的调整，当然还要稍微提高自然饱和度。最后单击"完成"按钮，这样就完成了这组照片的调整。调整完成后，对 RAW 格式进行的修复效果就会存储在一个单独的 .xmp 记录文件中，如果单击"取消"按钮，就不会有这个记录文件，如图 7-71 所示。

图 7-71

接下来我们在 Photoshop 中单击"文件"菜单，在"脚本"选项中选择"将文件载入堆栈"命令，如图 7-72 所示。

这时打开载入图层对话框，将所有的 RAW 格式文件载入进来，然后选中"尝试自动对齐源图像"复选框，单击"确定"按钮，如图 7-73 所示。

图 7-72

图 7-73

经过等待后，所有照片都会载入同一个照片画面中，但是分布在不同图层中，如图 7-74 所示。

图 7-74

在工具栏中寻找时间切片工具，在默认情况下，时间切片工具可能不会显示，这时需要我们在工具栏底部单击"编辑工具栏"命令，打开编辑自定义工具栏对话框，按住鼠标左键将附加工具拖动到左侧的工具栏中，这样就可以在工具栏中找到切片工具，然后单击"完成"按钮，如图 7-75 和图 7-76 所示。

图 7-75

图 7-76

接下来在工具栏中找到并选择切片工具，然后在照片画面上右击，在弹出的菜单中选择"划分切片"命令，在打开的划分切片对话框中，选中"垂直划分"复选框，当然我们也可以选择水平划分，一般来说我们大多数时候会选择垂直划分。因为我们有 7 个图层，也就是 7 张照片，所以划分为 7 份，如图 7-77 所示。

图 7-77

　　然后在工具栏中选择"矩形选框工具"，先选中左侧的 6 份，在右侧的图层面板中选中最上方的图层，按键盘上的"Delete"键删除左侧部分，那么第一个图层左侧框选的部分就会被删掉，如图 7-78 所示。

图 7-78

　　然后选中第二个图层，框选左侧的 5 份，按键盘上的"Delete"键将这些部分删除，这样第二个图层从右侧数第二部分就会被显示出来，如图 7-79 所示。

图 7-79

　　按照同样的方法，接下来由右侧向左侧分别删除，经过多次删除之后，从图层面板中我们就可以看到，最上方的图层显示的是最右侧的一份，第二个图层显示的是从右侧数第二份，按顺序依次向左展开，这样最终就显示出时间切片的效果，如图7-80所示。

图7-80

　　右键单击某个图层的空白处，在弹出的菜单中选择"拼合图像"命令，这样就将图层合并起来了，如图7-81所示。

　　最后单击"视图"菜单，选择"清除切片"命令，再对照片进行适当的裁剪和优化，就完成了这张照片的处理，最后再将照片保存就可以了，如图7-82所示。

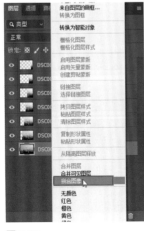

图7-81

图7-82

7.8 利用堆栈记录光线轨迹

在上一章中笔者介绍过，如何在山间通过开车拉出车辆的轨迹，营造出一种光源与自然景观相互映衬的这种美景，那么下面我们就将介绍如何通过堆栈记录这种轨迹。当然，关于堆栈的技巧，如果我们是在城市中进行街道的拍摄，那么直接拍摄之后进行堆栈即可，整个过程比较简单，也没有必要进行讲解。但是在山间拉车轨，最终进行堆栈的后期处理，还是有一些比较特殊之处，下面来看具体的后期处理过程。

之前我们已经介绍过，拍摄的素材中一定要提前拍摄一两张照片，确保地景有足够的曝光量，天空也是如此。在我们准备的素材中，如图 7-83 所示，可以看到第一张照片中的地景曝光是非常足的，当然天空稍有些过曝也没有关系，后续我们可以将天空去除掉。准备好这些素材之后，经过后期制作就可以得到非常理想的轨迹效果。

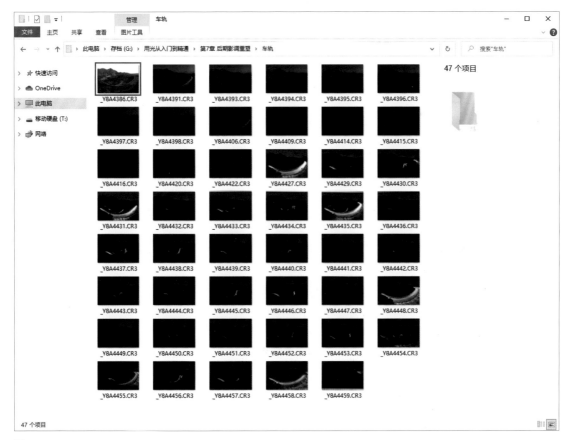

图 7-83

接下来看后期处理过程。首先我们将准备好的所有固定视角的照片拖入 Photoshop 中，照片会自动载入 ACR 界面，如图 7-84 所示。

图 7-84

第一张照片为周边的车轨之外的地景准备了一些地景细节，当前先不要管它，先选中第二张照片，如图 7-85 所示。

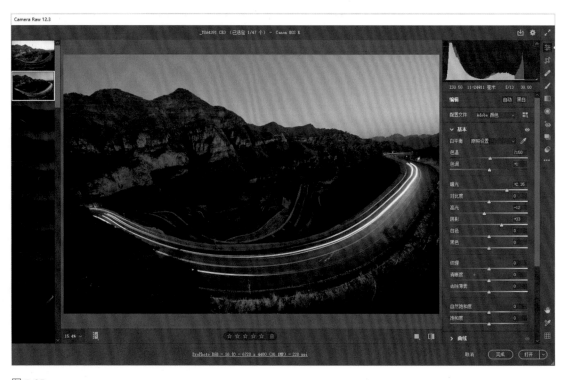

图 7-85

　　对第二张照片的影调层次进行调整，包括提高曝光值、降低高光值、提亮阴影值等，将照片调整到一个相对比较理想的程度上。在左侧的胶片创作中，全选第一张照片之外的所有照片。然后右击，在弹出的菜单中选择"同步设置"命令，打开同步对话框，因为我们没有进行其他的一些局部调整，只是进行了统一的调整，所以保持这些选项的默认，直接单击"确定"按钮即可。这样我们就将对第二张照片的后期处理同步到了后续的所有照片中，如图 7-86 所示。

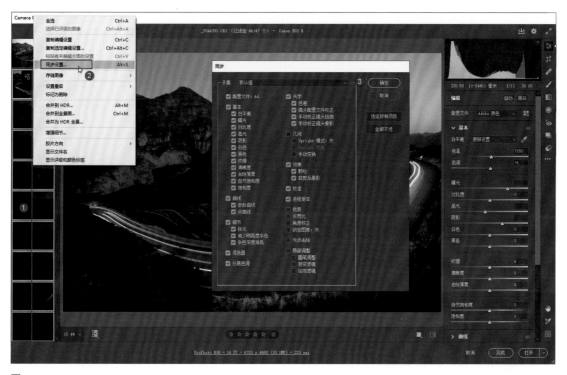

图 7-86

　　但第二张照片亮度也比较高，这种调整未必适合后续的所有照片，所以还需要适当地检查一些比较特殊的照片，比如针对亮度比较高的照片，需要调整的幅度更大一些，大幅度降低高光值、降低白色的值，从而避免高光部分严重过曝。照片检查完毕之后，再单独选中第一张照片，降低高光值，避免天空出现严重过曝，如图 7-87 所示。

　　最后全选所有照片，单击"完成"按钮，就完成了对所有素材的一个调整过程，如图 7-88 所示。

图 7-87

图 7-88

接下来就可以按照上一个案例所介绍的方法，将所有的照片都载入 Photoshop 同一个画面的不同图层中。在工具栏中选择"快速选择工具"，在图层中查找天空亮度特别高的一些图层，全选天空后，将这些图层的天空删掉，这样画面整体的亮度经过堆栈之后就会比较均匀。按住键盘上的"Ctrl"键，逐一单击每个图层，这样就可以全选所有图层，当然也可以单击第一个图层之后，按住"Shift"键同时向下拖动，或者选中最后一个图层，也可以全选所有图层，要注意的是，按住"Ctrl+A"组合键是无法快速全选所有图层的，如图 7-89 所示。

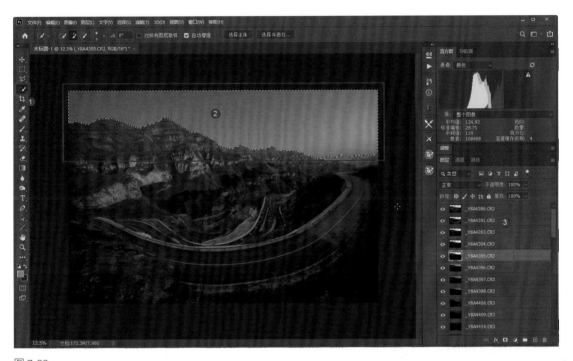

图 7-89

单击"图层"菜单，在"智能对象"选项中选择"转换为智能对象"命令，这样就将所有的图层折叠在一起了，如图 7-90 所示。

图 7-90

接下来开始设定他们的折叠和堆栈方式，单击"图层"菜单，在"智能对象"选项中选择"堆栈模式"命令下的"最大值"，如图 7-91 所示。

也就是说，我们要将堆叠起来的智能对象用最大值的方式，堆栈地面的车轨，因为它的亮度是最高的，就会被堆栈显示在最终效果中，天空中的星星也是如此。这时我们再进入 Camera Raw 滤镜，对画面整体的影调层次色彩等进行一定的调整。调整完毕后，我们就完成了这张照片的一个处理过程，最后单击"确定"按钮返回到 Photoshop，再对照片进行一些局部的精修，就会得到最终的效果，再将照片保存就可以了，如图 7-92 所示。

图 7-91

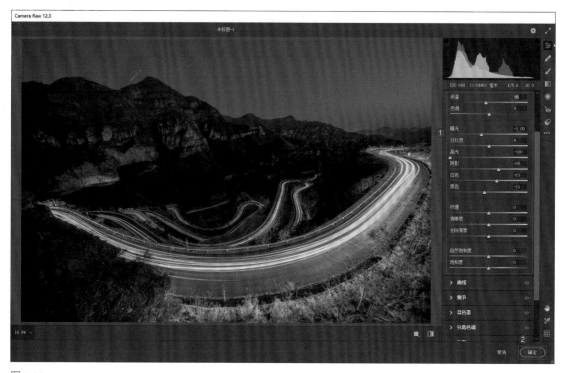

图 7-92

7.9　利用堆栈消除杂乱的光源

　　下面介绍如何通过堆栈的方法来消除星空照片地景中突然出现的光源,让地景变得非常干净。因为拍摄星空题材大多要持续连拍,为后续堆栈做准备,所以拍摄的大量照片中肯定会出现一些拿手电筒的行人,如果后续直接堆栈,手电筒的光就会出现在最终的照片中,破坏最终效果。但是如果我们使用合理的堆栈方式进行处理,就可以消除手电筒光的干扰,得到更好的效果。

　　在如图 7-93 所示的这张照片中,地景没有任何的光污染出现。但如果看原始照片,如图 7-94 所示,从左侧的胶片窗格中我们可以看到很多照片中都出现了打着手电筒的行人。

图 7-93

图 7-94

　　接下来我们就看如何合理地使用堆栈方式消除光污染，并对画面的地景进行一些降噪。

　　首先将所有照片在 Photoshop 中打开，然后全选所有的照片，在光学面板中选择"删除色差"与"使用配置文件校正"。选中"使用配置文件校正"复选框之后，照片四周的暗角会得到极大的提亮，这种提亮会导致四周出现一些萎缩，所以我们可以稍恢复一下晕影的值，避免四周过亮，如图 7-95 所示。

图 7-95

回到基本面板中，调整画面的影调与色温。一般来说，对于银河色温值可能在 3900K 左右，画面会有比较准确的色彩。适当地提高曝光值，降低高光值，提亮阴影的值，这样可以让地面呈现出更多的色彩和细节。之后，地景的噪点也会显示出更多，这没有关系，因为后续我们要通过一定的堆栈消除噪点。照片初步调整好之后，单击"完成"按钮，这样我们就将对照片的处理操作过程记录了下来，如图 7-96 所示。

图 7-96

单击"文件"菜单，在"脚本"选项中，选择"统计"命令，打开图像统计对话框，选择堆栈模式，设定为中间值，将所有的照片载入，单击"确定"按钮，完成堆栈，如图 7-97 所示。

为什么选择中间值呢？ 所谓中间值，是指照片某一个像素位置上下所有图层中间亮度的值。比如某个像素位置，有多张照片中出现了行人和灯光，那么它的亮度就会有较大差别。比如有 150 的亮度、250 的亮度、

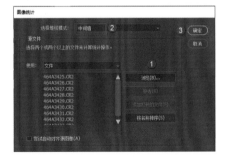

图 7-97

200 的亮度等。但是对于绝大部分照片来说，它没有出现光污染，亮度大多数都是在 50 左右，那么这个中间值就是查找所有图层的上下像素位置，自然中间值肯定会落在没有光污染的像素值上，用像素的亮度显示在最终画面效果中，它就消除了光污染的亮度，并且通过对这种中间值的查找，将像素位置一些出现噪点的情况也消除了。所以中间值既有降噪的效果，也有消除光污染的作用。

可以看到，经过一段时间等待，堆栈完成，地景光污染被消除掉了，并且地景的噪点得到了很好的抑制。但因为多个照片素材之间是有差别的，且星点的位置是移动的，所以堆栈后的星空比较模糊，这时我们可以找一张没有光污染的星空照片覆盖在堆栈之后的效果上。然后为天空建立一个选区，为选区创建蒙版，那么这样不对天空部分白蒙版进行遮挡，就露出了比较清晰的天空部分，地景部分则由黑蒙版遮挡，遮挡住了单张照片的没有降噪的地景，露出了下方中间值降噪的地景效果，实现了照片的合成，整体效果就比较理想了，如图 7-98 所示。

图 7-98

对于地景整体偏绿的问题，我们还可以创建一个色相饱和度调整图层，只对地面进行色相饱和度的调整，让画面整体的效果变得更加理想，这样最终照片的处理就完成了，最后将照片图层合并起来保存即可，如图 7-99 所示。

图 7-99

7.10 缩星，消除天空中过度杂乱的星点

本书介绍的最后一种比较特殊的光影调整效果，即星空摄影中的缩星技巧。因为我们拍摄的星空中往往将明的或暗的星星完全曝光了出来，它们最终的效果会显得天空的星点特别密集，就会导致我们要表现的银河等主体对象不够突出，画面会显得比较凌乱。经过缩星，我们就可以将银河周边的一些亮星压暗甚至消除，使最终成片中的银河纹理特别清晰，这样银河就会特别突出，

画面整体也比较干净，如图 7-100 所示。以上就是缩星的概念。具体操作时，在摄影后期软件中，我们要将周边一些不需要的星星选择出来，用最小值或蒙尘与划痕等滤镜将这颗星星抹掉，最终得到比较干净的画面效果，如图 7-101 所示。

下面来看具体的处理过程。

图 7-100

图 7-101

在如图 7-102 所示的这张照片中，首先将其拖入 Photoshop 中并载入 ACR 界面，进行镜头校正（注意：在新版本的 ACR 中，镜头矫正又称为光学）。选中"删除色差"和"使用配置文件校正"复选框，对于星空来说，为了避免四周过亮，要适当地恢复一定的阴影。

图 7-102

然后回到基本面板中，对画面的影调、层次和色彩进行优化，主要包括提高阴影的值，提高白色的值，稍提高曝光值，让画面整体显示出更多的层次细节，如图 7-103 所示。

图 7-103

　　接下来在工具栏中选择"污点去除"工具，将画面中间下方的一个塑料袋删除，然后单击"打开"按钮，将照片在 Photoshop 中打开。因为我们接下来要对银河进行强化调色等，如图 7-104 所示。

图 7-104

　　本例中，我们主要介绍的是缩星的技巧，所以跳过了银河的强化等方面的内容，直接进行了缩星处理。那么所谓的缩星就是将星点选择出来，将其抹掉。

　　接下来我们的任务就是选择一些我们不想要的星星，当然我们不能手动地去选择，如果手动选择，肯定很不均匀，并且非常耽误时间，效果也未必理想。因此，我们就需要利用软件进行随机选择，当然，在筛选时会提前设定规则，比如我们可以选择某一个亮度的星星，将天空中这一个亮度的星星都选择出来，看起来比较随机，也比较自然。选择时单击"选择"菜单，选择"色彩范围"命令，打开色彩范围面板，在其中设定选择取样颜色，然后使用画笔在照片中找到某一颗比较亮的星星并选中它，这样与这颗星星明暗相差不大的一些星点就会被选择出来，从预览框中也可以看到被选中的星星，但是因为预览框比较小，有时候我们无法观察得非常准确，这时我们可以在色彩范围预览框下方的选区预览中选择灰度，然后调整颜色容差的值，此时观察背景整体的照片，会发现预览照片变为了灰度状态，实际上原始照片并没有变为这种灰度状态，这只是为了使我们预览得更加清楚。通过预览，再结合调整颜色容差就将我们想要选择的星星大部分都选择了出来，然后单击"确定"按钮，这样就为我们想要抹掉的星星建立了选区，如图 7-105 和图 7-106 所示。

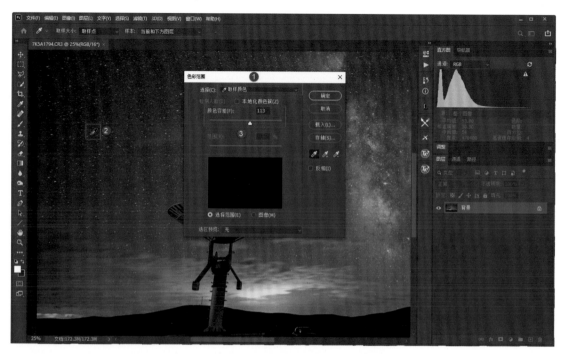

图 7-105

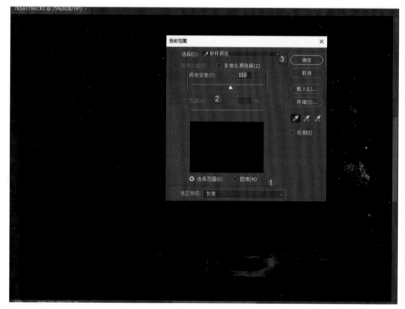

图 7-106

要注意的是，此时的选择比较精确，只限定了某些星点。如果进行擦除，星点周边的一些亮边会保留下来，就会使画面显得不够真实，所以在缩星之前、建立选区之后，我们还应该对选区进行轻微的扩大，避免星点边缘出现。

稍扩大选区的操作是：单击"选择"菜单，在"修改"选项中，选择"扩展"命令，打开扩展选区对话框，如图 7-107 所示。

282

在扩展选取对话框中，把扩展量设定为"2 像素"，也就说是每一个星点周边要向外扩展两个像素，向周边纳入更多的区域，以避免缩星之后每个星点都留下一个亮圈。然后单击"确定"按钮，星点的选区就会被扩大，如图 7-108 所示。

单击"滤镜"菜单，在"杂色"选项中选择"蒙尘与划痕"命令，如图 7-109 所示。

图 7-107

图 7-108

图 7-109

在打开的蒙尘与划痕对话框中，将半径设定为"2 像素"，阈值设定为"1 色阶"。然后单击"确定"按钮。也就是说，我们扩展的是几个像素，设定的半径是几个像素就可以了。其实从蒙尘与划痕中间的预览框中，我们可以看到磨出的这一个星点的痕迹，然后单击"确定"按钮，返回之后你就会发现完成了缩星。最后按住键盘上的"Ctrl+D"组合键取消选区，就可以看到天空变得非常干净了，这样就完成了整个缩星的处理，如图 7-110 所示。

如果缩星的效果过于强烈，则会导致画面有些失真，可以按住键盘上的"Ctrl+A"组合键，将当前缩星的画面全选，然后按住键盘

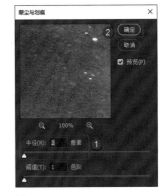

图 7-110

上的"Ctrl+C"组合键，将这个效果复制下来，也就是将照片最终的效果复制下来，然后单击"打开历史记录面板"，在 Photoshop 中初次打开的照片上按住"Ctrl+V"组合键，将最终的效果粘贴到缩星之前的效果上，这样就生成了两个图层，下方的图层是没有缩星效果的，上方的图层是缩星之后的效果，然后稍降低缩星图层的不透明度，使缩星与未缩星的效果融合，最终缩星效果就会变弱，让画面看起来更加自然。

以上就是完整的缩星后期过程。

内 容 提 要

　　本书一共分为7章，首先介绍笔者多年来总结的实拍用光经验与规律，这是本书第一个精华部分；其次介绍曝光与影调控制的技巧、光的属性与控制的技巧、一天四时的用光技巧、室内人像用光的技巧、光绘与创意用光的技巧、后期影调修饰与优化的技巧等内容。需要特别说明的是，本书最后一章是另外一个精华部分，将当前最新的一些用光和控光理念，通过后期处理的方式融入摄影作品中。

　　全书内容全面，语言简洁流畅，内容由浅入深，适合摄影新手从入门开始，循序渐进地学习摄影用光知识，培养美学能力；也可以帮助有一定基础的摄影师提高摄影水平；还可以作为教材供摄影培训机构使用。

图书在版编目(CIP)数据

摄影用光从入门到精通：视频教程版 / 视觉中国500px.六合视界部落编著. — 北京：北京大学出版社,2021.7

ISBN 978-7-301-32283-3

Ⅰ.①摄… Ⅱ.①视… Ⅲ.①摄影光学 Ⅳ.①TB811

中国版本图书馆CIP数据核字(2021)第122932号

书　　　　　名	摄影用光从入门到精通（视频教程版）
	SHEYING YONGGUANG CONG RUMEN DAO JINGTONG（SHIPIN JIAOCHENG BAN）
著作责任者	视觉中国 500px·六合视界部落　编著
责任编辑	张云静　刘倩
标准书号	ISBN 978-7-301-32283-3
出版发行	北京大学出版社
地　　　　　址	北京市海淀区成府路205号　100871
网　　　　　址	http://www.pup.cn　　新浪微博:@北京大学出版社
电子信箱	pup7@pup.cn
电　　　　　话	邮购部 010-62752015　发行部 010-62750672　编辑部 010-62570390
印　刷　者	北京宏伟双华印刷有限公司
经　销　者	新华书店
	787毫米×1092毫米　16开本　17.75印张　393千字
	2021年7月第1版　2021年7月第1次印刷
印　　　　　数	1-4000册
定　　　　　价	128.00元